코믹 메이플스토리
MapleStory
© 2003 NEXON Korea Corporation All Rights Reserved.
수학도둑
꽉 잡아라!
구구단
5 × □ = 15
□ × 3 = 24
4×9
8×7
3×6
7×2
5×5
Bobby's

이 책의 구성과 특징

1. 체계적인 4단계 학습

1단계 개념

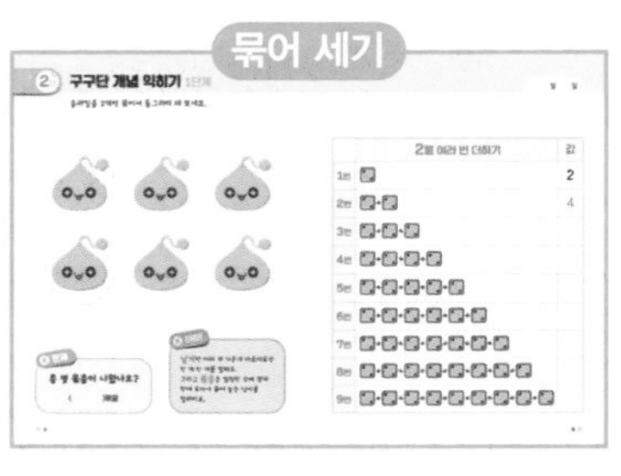

묶어 세기와 뛰어 세기를 통해 구구단의 개념을 익혀요.

2단계 암기

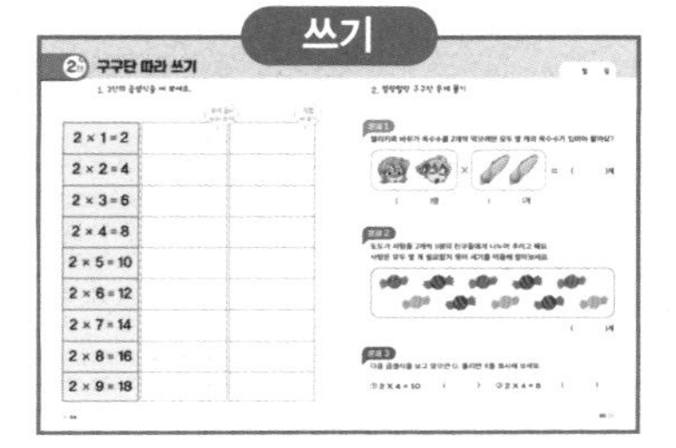

구구단을 소리 내 읽고 따라 쓰며 외워요.
말랑말랑 구구단 문제로 수학적 사고력을 길러요.

3단계 연습

배수의 개념을 알아보고 곱셈식을 만들어요.
난이도별로 문제를 풀면서 구구단을 연습해요.

4단계 응용

곱셈구구표를 만들고 응용 문제를 풀어요.

2. 쉽고 재미있는 그림과 설명

① 구구단을 처음 공부하는 어린이들의 눈높이에 맞춰 간단하고 쉽게 설명해요.
② 곱셈의 기초 개념을 재미있는 놀이처럼 배워요.
③ 다양한 방법으로 구구단을 연습하며 익혀요.

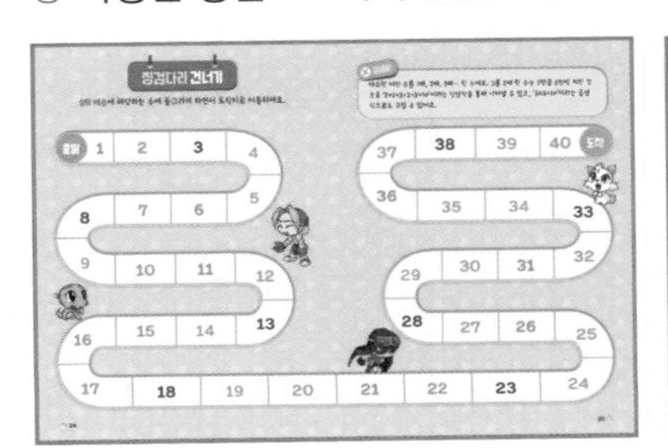

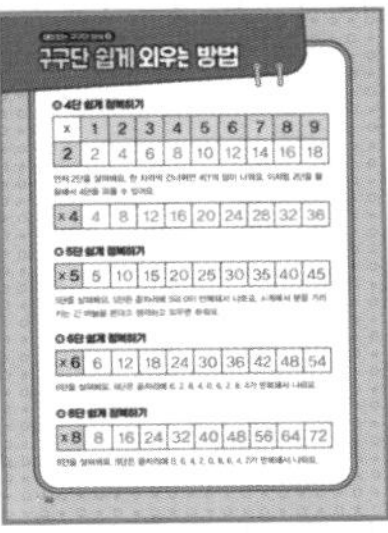

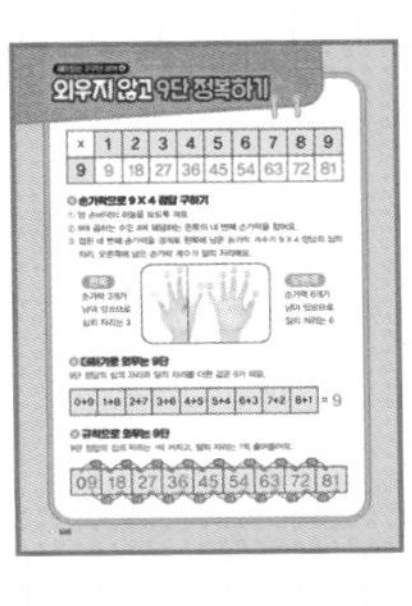

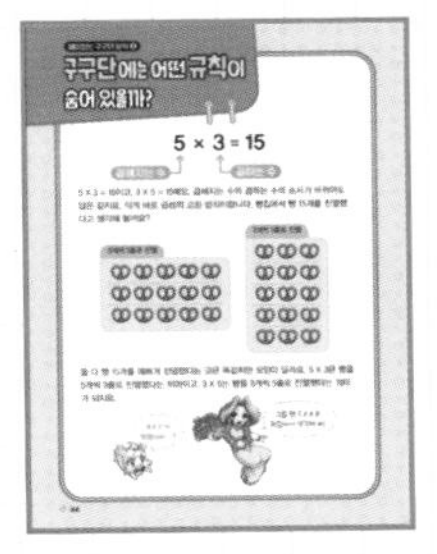

3. 구구단 미니 카드와 곱셈구구표

알찬 책 속 부록으로 생활 속에서도 구구단을 연습해요.

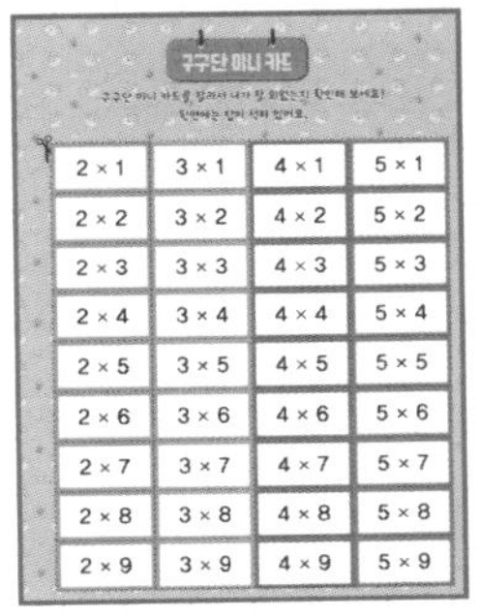

2 × 1	3 × 1	4 × 1	5 × 1
2 × 2	3 × 2	4 × 2	5 × 2
2 × 3	3 × 3	4 × 3	5 × 3
2 × 4	3 × 4	4 × 4	5 × 4
2 × 5	3 × 5	4 × 5	5 × 5
2 × 6	3 × 6	4 × 6	5 × 6
2 × 7	3 × 7	4 × 7	5 × 7
2 × 8	3 × 8	4 × 8	5 × 8
2 × 9	3 × 9	4 × 9	5 × 9

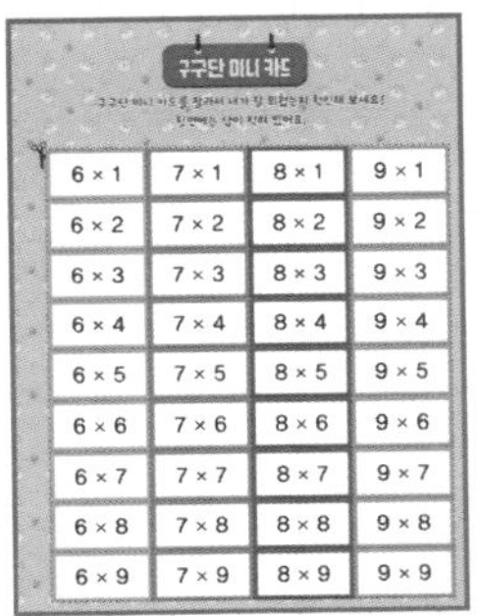

6 × 1	7 × 1	8 × 1	9 × 1
6 × 2	7 × 2	8 × 2	9 × 2
6 × 3	7 × 3	8 × 3	9 × 3
6 × 4	7 × 4	8 × 4	9 × 4
6 × 5	7 × 5	8 × 5	9 × 5
6 × 6	7 × 6	8 × 6	9 × 6
6 × 7	7 × 7	8 × 7	9 × 7
6 × 8	7 × 8	8 × 8	9 × 8
6 × 9	7 × 9	8 × 9	9 × 9

1판 1쇄 인쇄 | 2021년 10월 14일 **1판 1쇄 발행** | 2021년 10월 28일 **그림** | 서정 엔터테인먼트
발행인 | 조인원 **편집인** | 최원영 **편집팀장** | 최영미 **편집** | 손유라, 한나래
출판마케팅 | 홍성현, 이풍현 **제작** | 이수행, 오길섭
발행처 | 서울문화사 **등록일** | 1988년 2월 16일 **등록번호** | 제2-484 **주소** | 서울시 용산구 새창로 221-19
전화 | 편집 (02)799-9375, 판매 (02)791-0754 **팩스** | 편집 (02)799-9144, 판매 (02)790-5922
디자인 | 디자인 레브 **출력** | 덕일인쇄사 **인쇄처** | 에스엠그린 **ISBN** | 979-11-6438-483-9

차례

1장

구구단 개념 잡기

재미있는 구구단 상식 ❶

구구단이란?

구구단이
뭐야?

구구단은 1부터 9까지의 수 중에서
두 수를 곱한 값을 나타낸 거야.
'곱셈구구'라고도 하지.

같은 수를 여러 번 더할 때나
묶음을 셀 때, **구구단**을 사용하면
쉽고 빠르게 셀 수 있어.

구구단은 보통 2단부터 시작하는데
왜 구구단이라고 할까?

옛날에 계산을 하는 사람이
주로 귀족이나 왕실 계층의
높은 계급 사람들이었어.
그들은 일반 사람들이 구구단을
어렵게 느끼도록 하기 위해서
9단부터 외웠다고 해.
그래서 구구단이 된 거야.

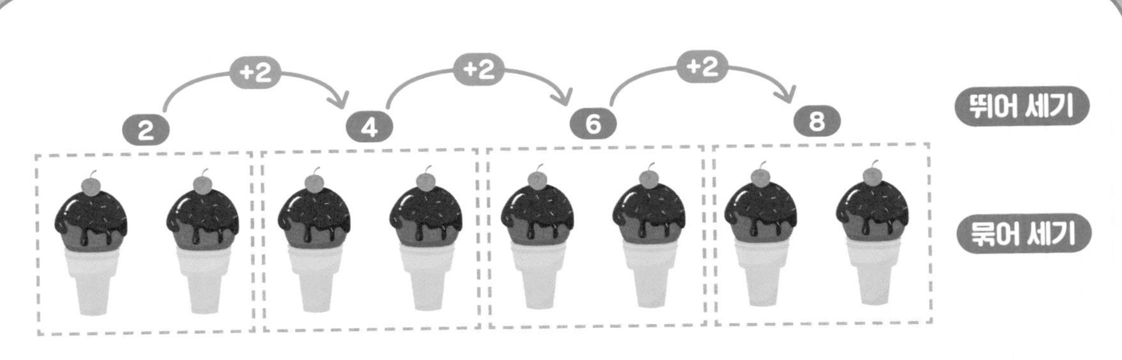

하나, 둘, 셋… 이렇게 하나씩 셀 수도 있지만,
2개씩 **뛰어 세거나 묶어서 세는 방법**을 통해
아이스크림의 개수를 빠르게 셀 수 있어.
2 × 4 = 8, 아이스크림은 모두 8개야.

우리나라는 언제부터 구구단을 사용했을까?

중국에서 만들어졌다고 알려져 있는 구구단은
우리나라에서도 아주 오래전부터 사용되었어요.
최근에는 6~7세기 백제 시대에 작성된
구구단 *목간이 발견되었어요.
백제의 구구단 목간에는 9단부터 2단까지의 구구단이
기록되어 있어요. 옛날 사람들도 우리처럼 실생활에서
구구단을 사용했다는 것을 알 수 있지요.

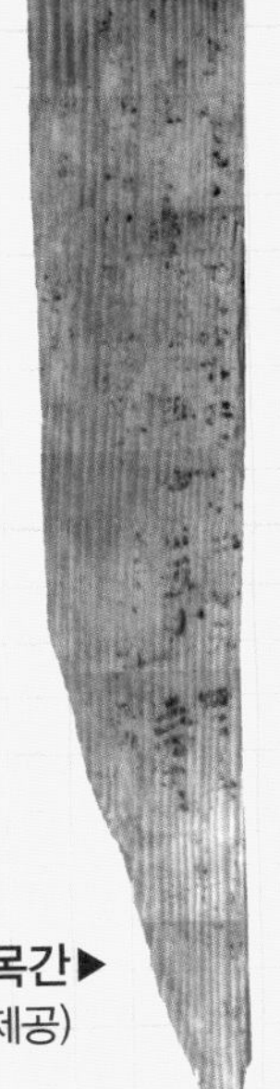

부여 쌍북리 구구단 목간▶
(국립부여박물관 제공)

*목간 : 문자를 기록한 나무 조각으로, 종이가 발명되기 전에 사용됨.

구구단 개념 익히기 1단계

슬라임을 2개씩 묶어서 동그라미 해 보세요.

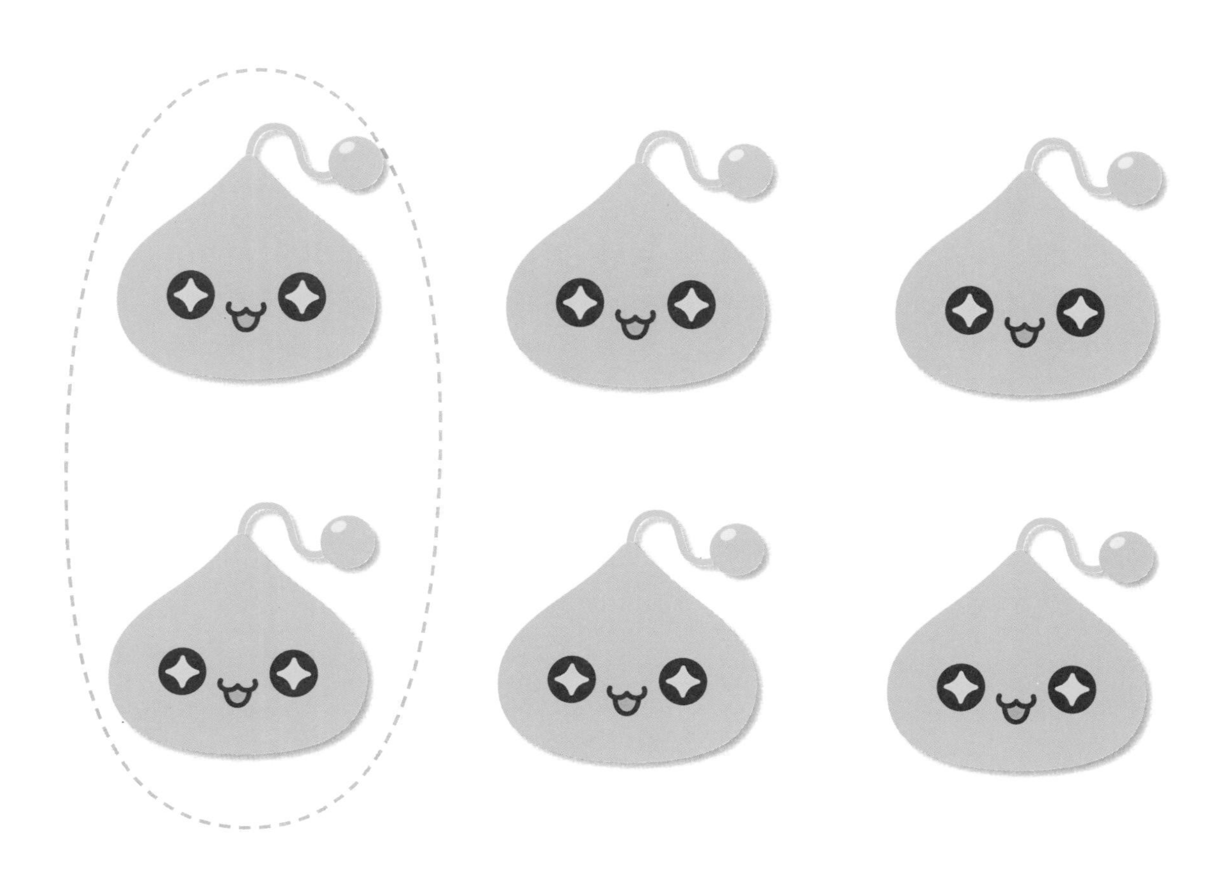

문제

총 몇 묶음이 나왔나요?

(　　　　)묶음

아하!

낱개란 여러 개 가운데 따로따로인 한 개 한 개를 말해요.
그리고 묶음은 일정한 수에 맞게 한데 모아서 묶어 놓은 덩이를 말하지요.

	2를 여러 번 더하기	값
1번		2
2번	+	4
3번	+ +	
4번	+ + +	
5번	+ + + +	
6번	+ + + + +	
7번	+ + + + + +	
8번	+ + + + + + +	
9번	+ + + + + + + +	

구구단 개념 익히기 1단계

사과를 3개씩 묶어서 동그라미 해 보세요.

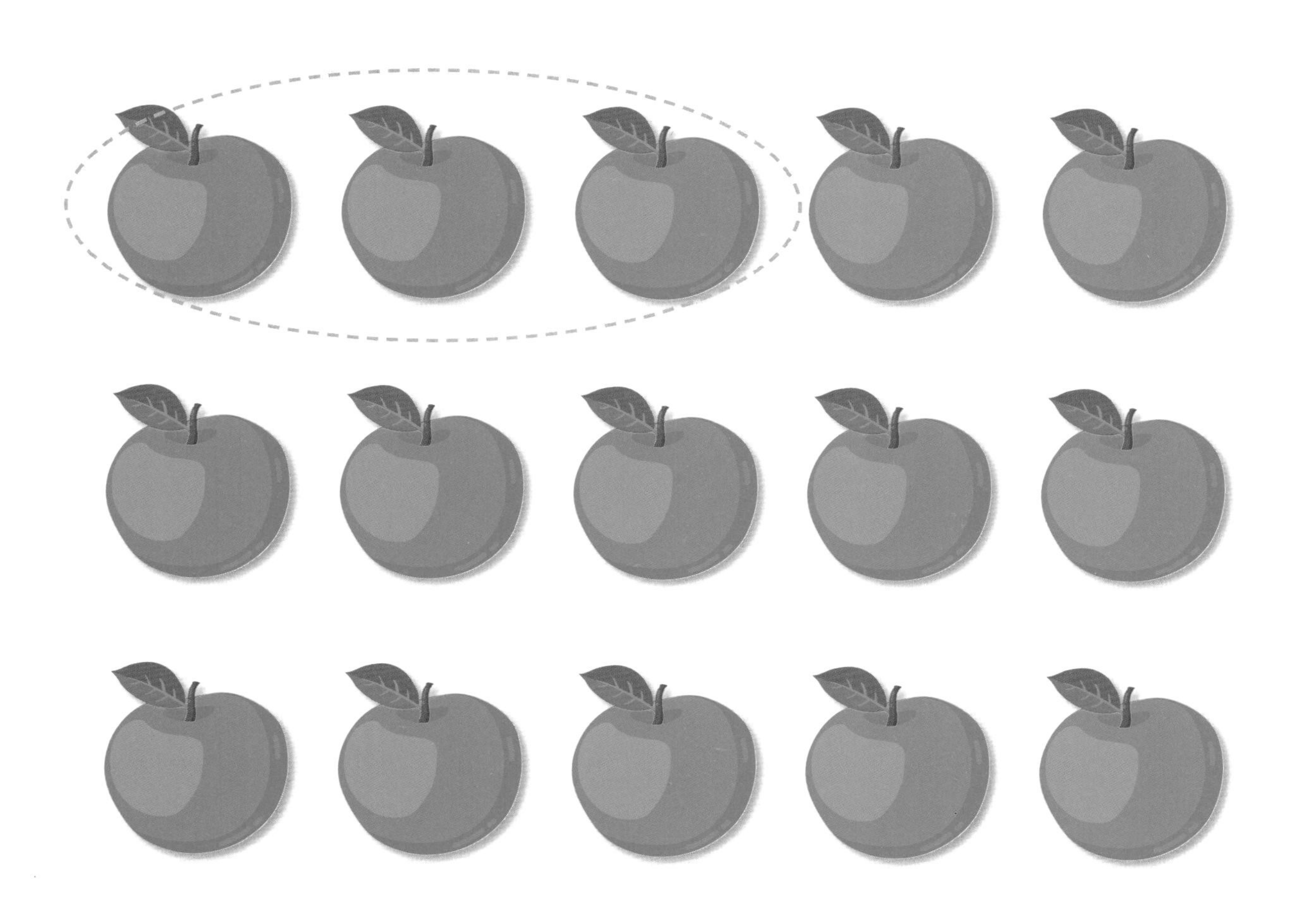

총 몇 묶음이 나왔나요?

(　　　　)묶음

	3을 여러 번 더하기	값
1번	 ⚂	3
2번	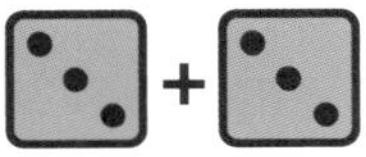 ⚂ + ⚂	6
3번	 ⚂ + ⚂ + ⚂	9
4번	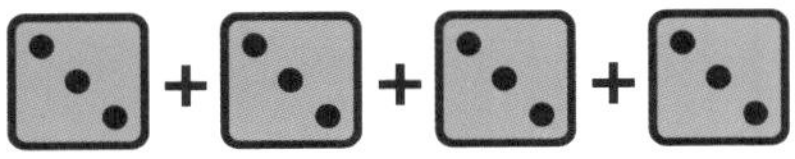 ⚂ + ⚂ + ⚂ + ⚂	
5번	 ⚂ + ⚂ + ⚂ + ⚂ + ⚂	
6번	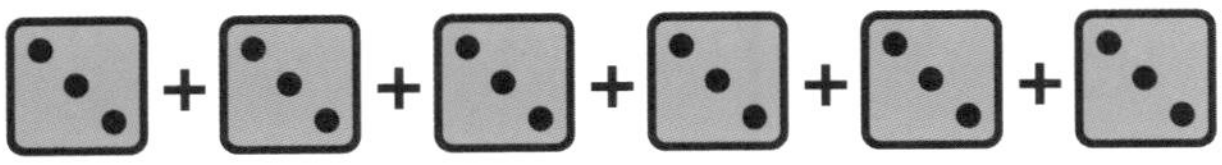 ⚂ + ⚂ + ⚂ + ⚂ + ⚂ + ⚂	
7번	 ⚂ + ⚂ + ⚂ + ⚂ + ⚂ + ⚂ + ⚂	
8번	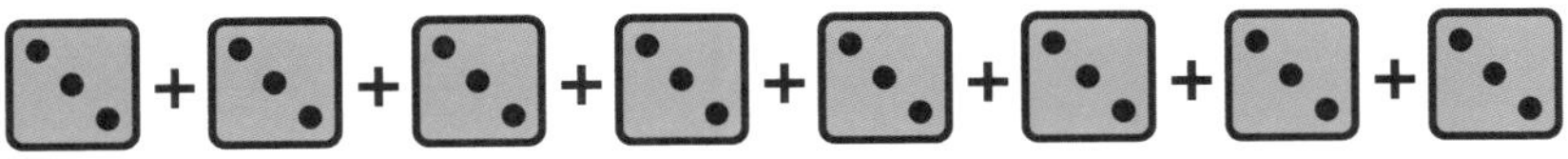 ⚂ + ⚂ + ⚂ + ⚂ + ⚂ + ⚂ + ⚂ + ⚂	
9번	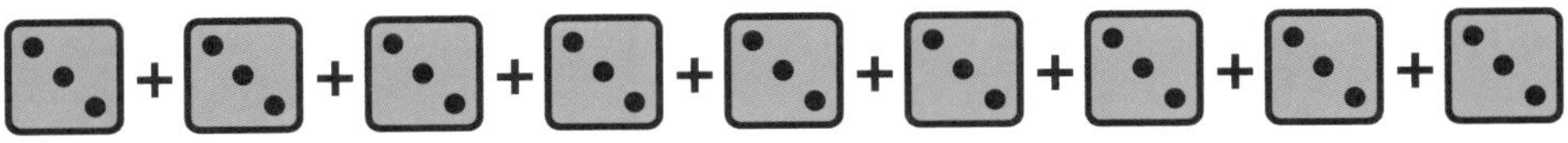 ⚂ + ⚂ + ⚂ + ⚂ + ⚂ + ⚂ + ⚂ + ⚂ + ⚂	

구구단 개념 익히기 1단계

도넛을 4개씩 묶어서 동그라미 해 보세요.

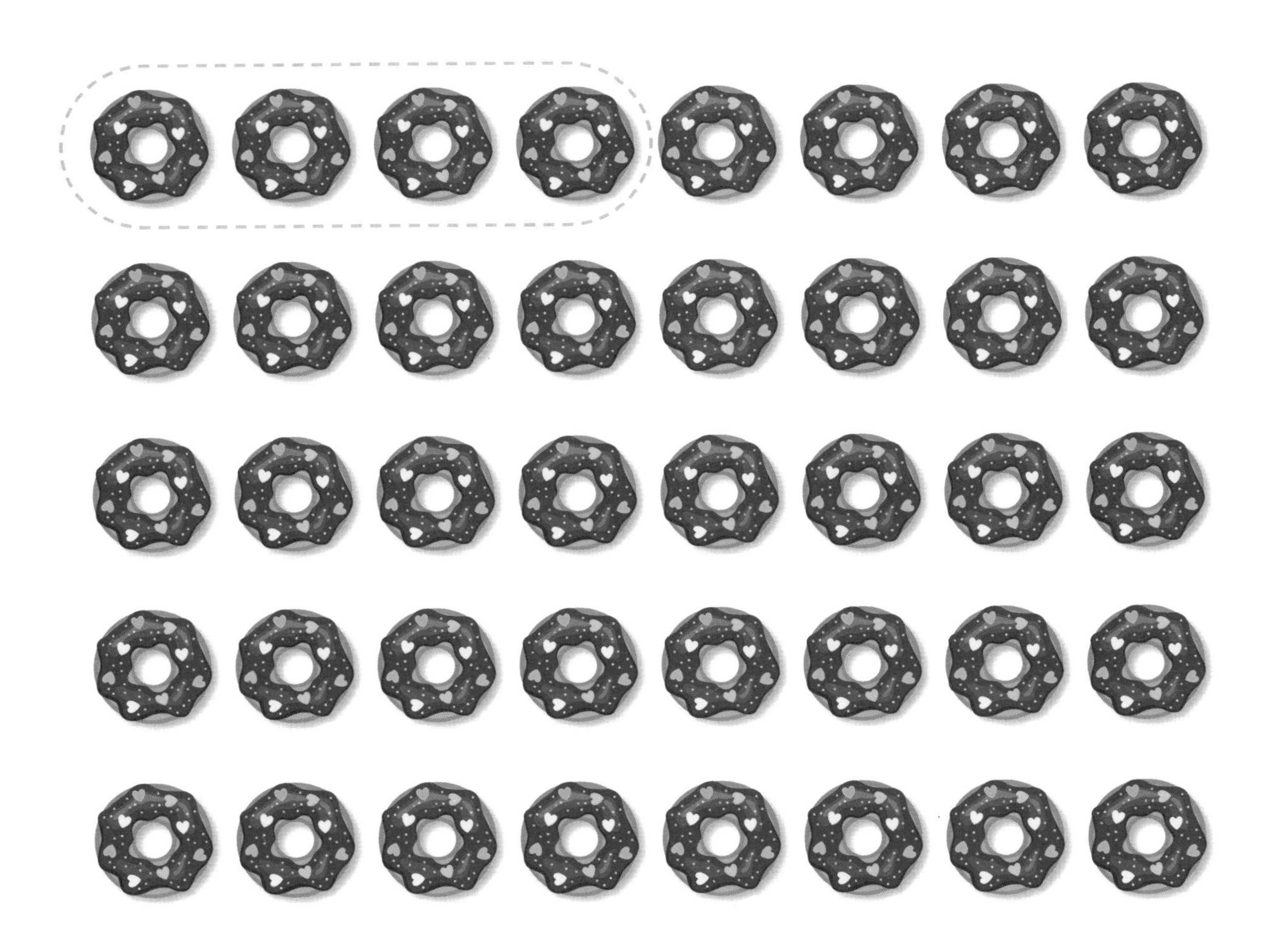

문제

총 몇 묶음이 나왔나요?

(　　　　)묶음

	4를 여러 번 더하기	값
1번	⚃	4
2번	⚃ + ⚃	8
3번	⚃ + ⚃ + ⚃	12
4번	⚃ + ⚃ + ⚃ + ⚃	
5번	⚃ + ⚃ + ⚃ + ⚃ + ⚃	
6번	⚃ + ⚃ + ⚃ + ⚃ + ⚃ + ⚃	
7번	⚃ + ⚃ + ⚃ + ⚃ + ⚃ + ⚃ + ⚃	
8번	⚃ + ⚃ + ⚃ + ⚃ + ⚃ + ⚃ + ⚃ + ⚃	
9번	⚃ + ⚃ + ⚃ + ⚃ + ⚃ + ⚃ + ⚃ + ⚃ + ⚃	

구구단 개념 익히기 1단계

핑크빈을 5개씩 묶어서 동그라미 해 보세요.

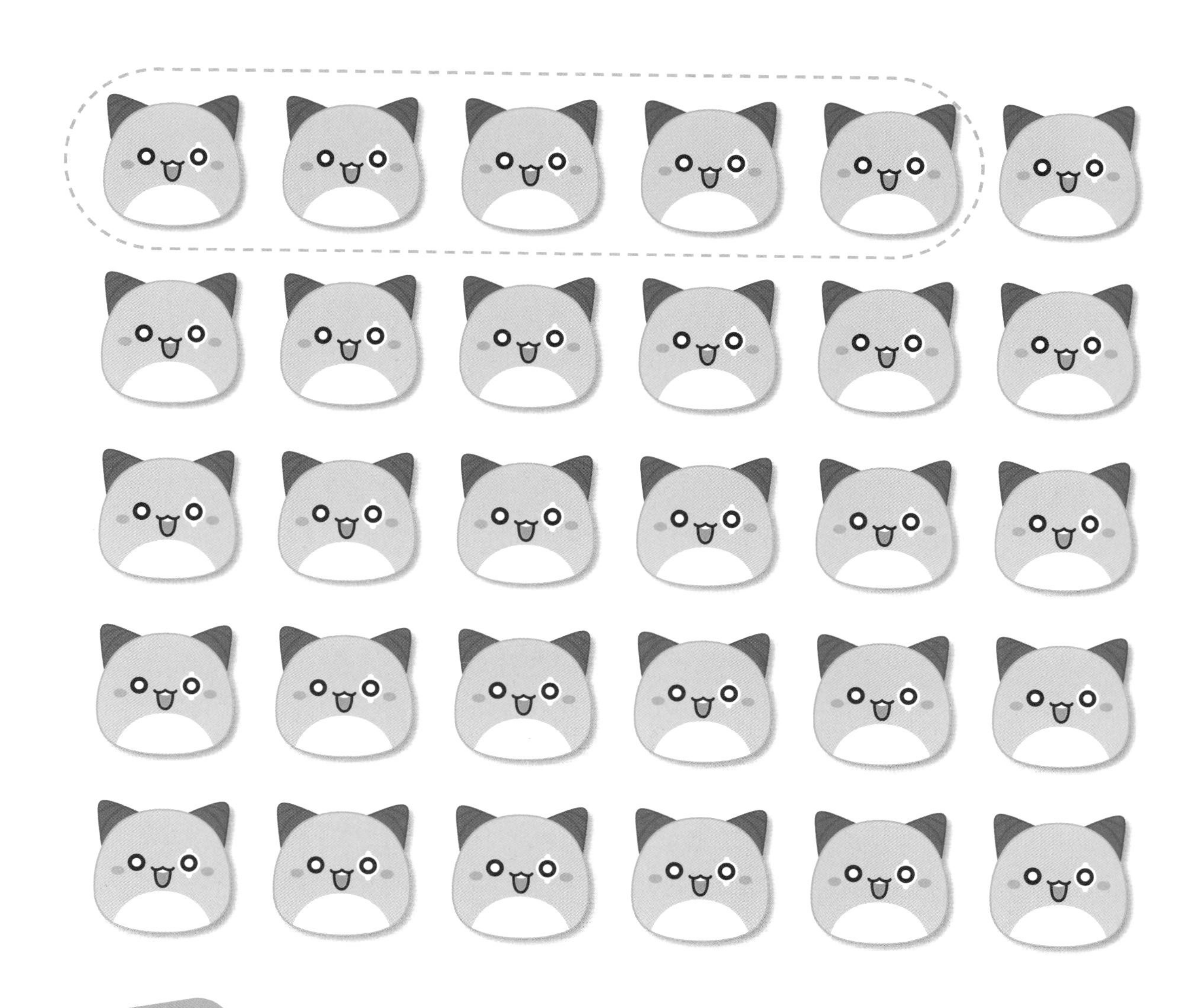

문제

총 몇 묶음이 나왔나요?

(　　　　　)묶음

	5를 여러 번 더하기	값
1번		5
2번	+	10
3번	+ +	15
4번	+ + +	
5번	+ + + +	
6번	+ + + + +	
7번	+ + + + + +	
8번	+ + + + + + +	
9번	+ + + + + + + +	

구구단 개념 익히기 1단계

파인애플을 6개씩 묶어서 동그라미 해 보세요.

문제

총 몇 묶음이 나왔나요?

(　　　　　)묶음

	6을 여러 번 더하기	값
1번		6
2번	+	12
3번	+ +	18
4번	+ + +	
5번	+ + + +	
6번	+ + + + +	
7번	+ + + + + +	
8번	+ + + + + + +	
9번	+ + + + + + + +	

구구단 개념 익히기 1단계

주황버섯을 7개씩 묶어서 동그라미 해 보세요.

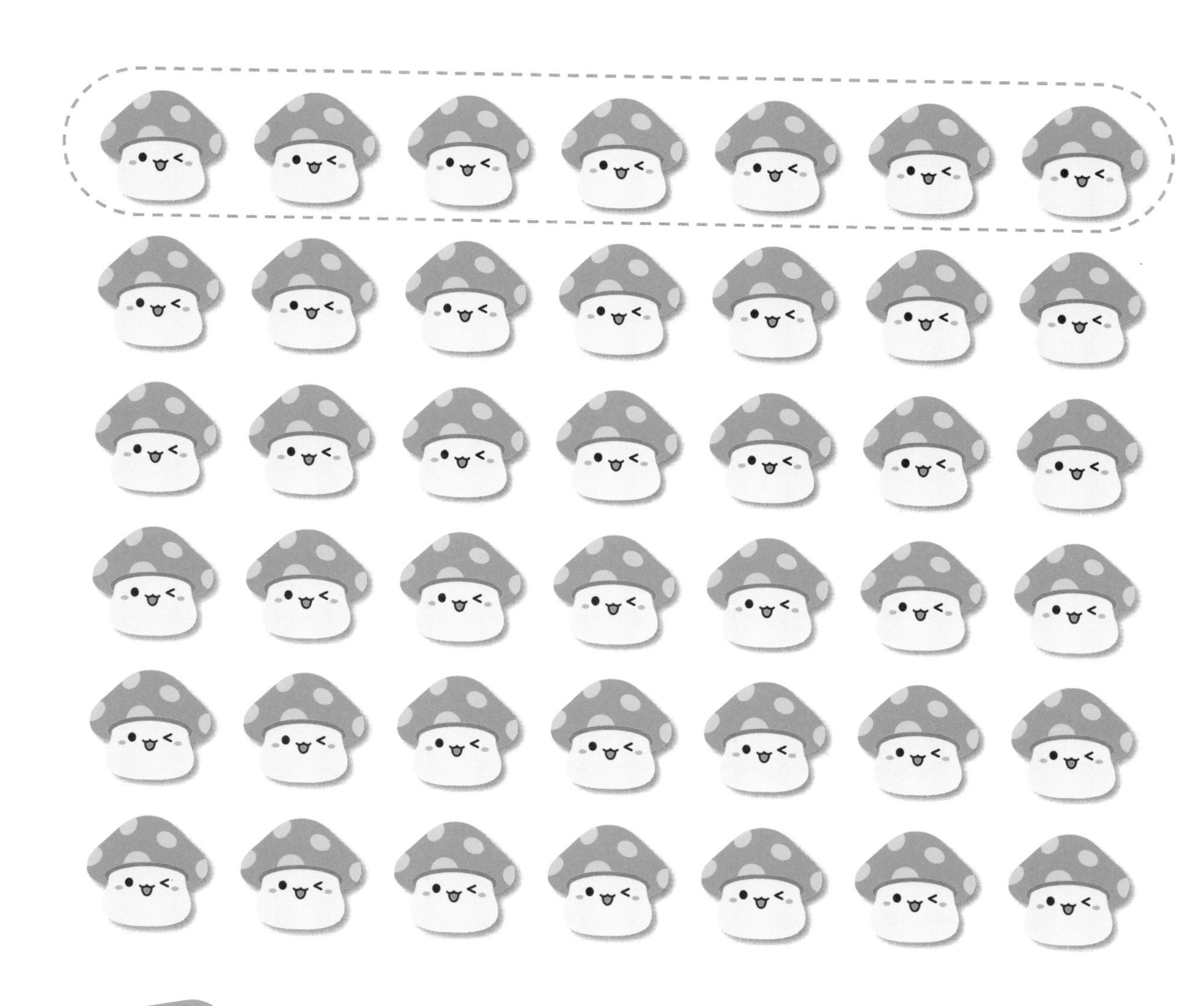

문제

총 몇 묶음이 나왔나요?

(　　　　)묶음

	7을 여러 번 더하기	값
1번		7
2번	+	14
3번	+ +	21
4번	+ + +	
5번	+ + + +	
6번	+ + + + +	
7번	+ + + + + +	
8번	+ + + + + + +	
9번	+ + + + + + + +	

구구단 개념 익히기 1단계

구슬을 8개씩 묶어서 동그라미 해 보세요.

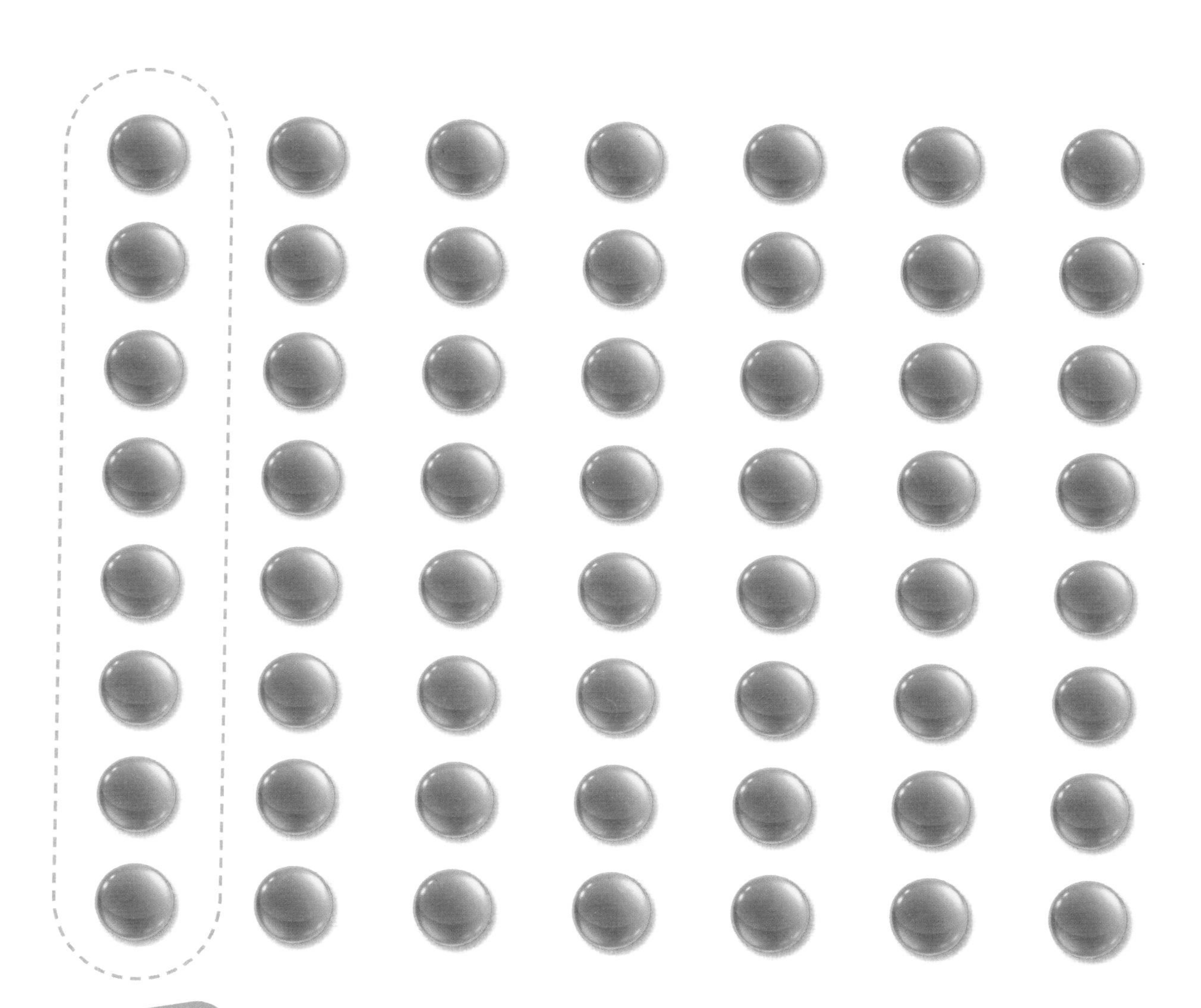

문제

총 몇 묶음이 나왔나요?

(　　　　)묶음

	8을 여러 번 더하기	값
1번	❀	8
2번	❀ + ❀	16
3번	❀ + ❀ + ❀	24
4번	❀ + ❀ + ❀ + ❀	
5번	❀ + ❀ + ❀ + ❀ + ❀	
6번	❀ + ❀ + ❀ + ❀ + ❀ + ❀	
7번	❀ + ❀ + ❀ + ❀ + ❀ + ❀ + ❀	
8번	❀ + ❀ + ❀ + ❀ + ❀ + ❀ + ❀ + ❀	
9번	❀ + ❀ + ❀ + ❀ + ❀ + ❀ + ❀ + ❀ + ❀	

구구단 개념 익히기 1단계

레몬을 9개씩 묶어서 동그라미 해 보세요.

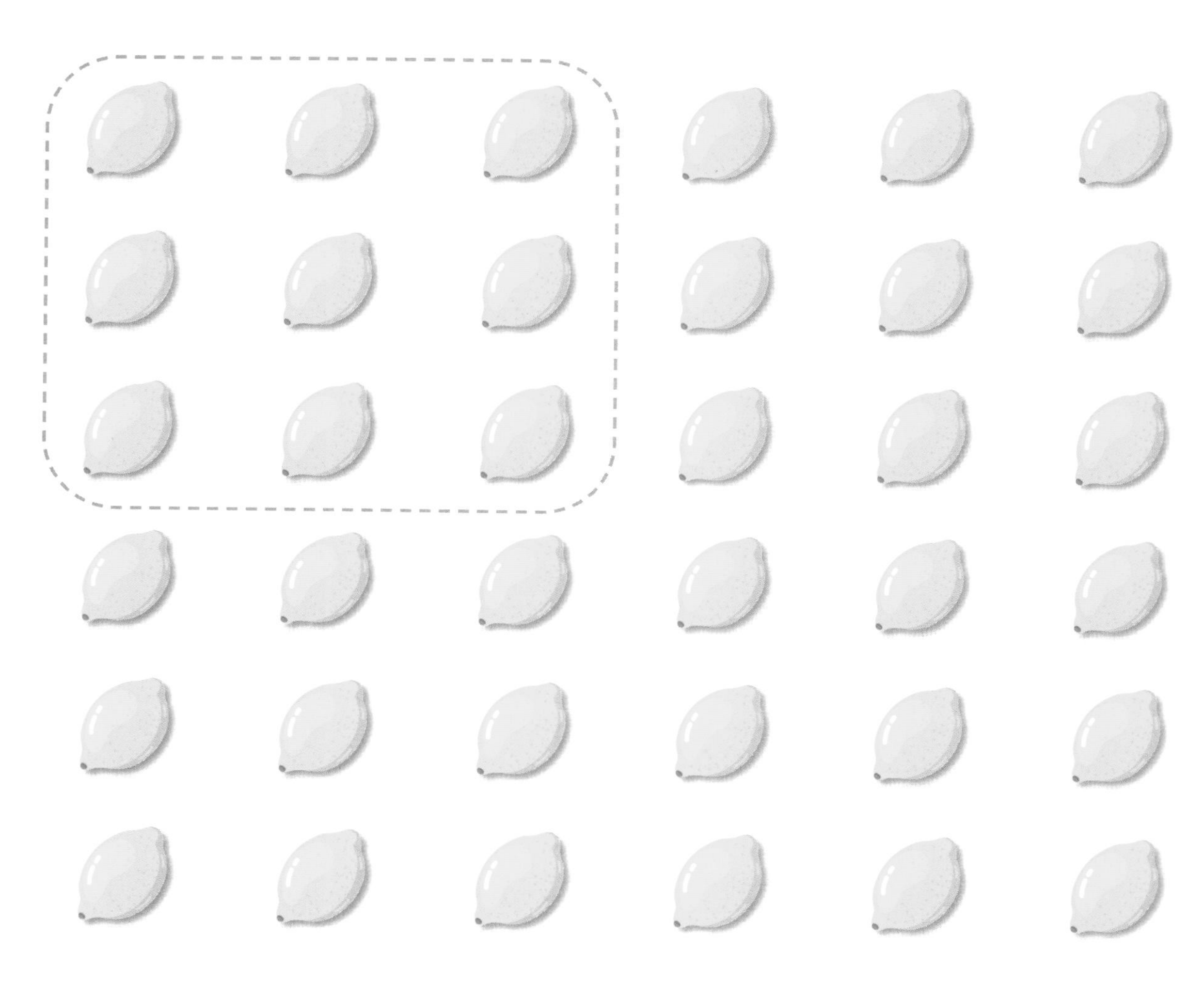

문제

총 몇 묶음이 나왔나요?

(　　　　)묶음

월 일

	9를 여러 번 더하기	값
1번		9
2번	+	18
3번	+ +	27
4번	+ + +	
5번	+ + + +	
6번	+ + + + +	
7번	+ + + + + +	
8번	+ + + + + + +	
9번	+ + + + + + + +	

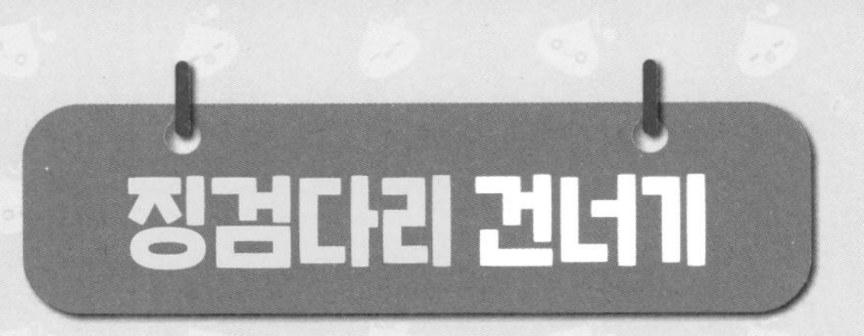

2의 배수에 해당하는 수에 동그라미 하면서 도착지로 이동하세요.

출발 1 2 3 4 5 6 7 8 9 10 11 12 13 14 15 16 17 18 19 20

아하!

배수란 어떤 수를 1배, 2배, 3배… 한 수예요. 2를 5배 한 수는 2만큼 5번씩 커진 것으로 '2+2+2+2+2=10'이라는 덧셈식을 통해 나타낼 수 있고, '2×5=10'이라는 곱셈식으로도 구할 수 있어요.

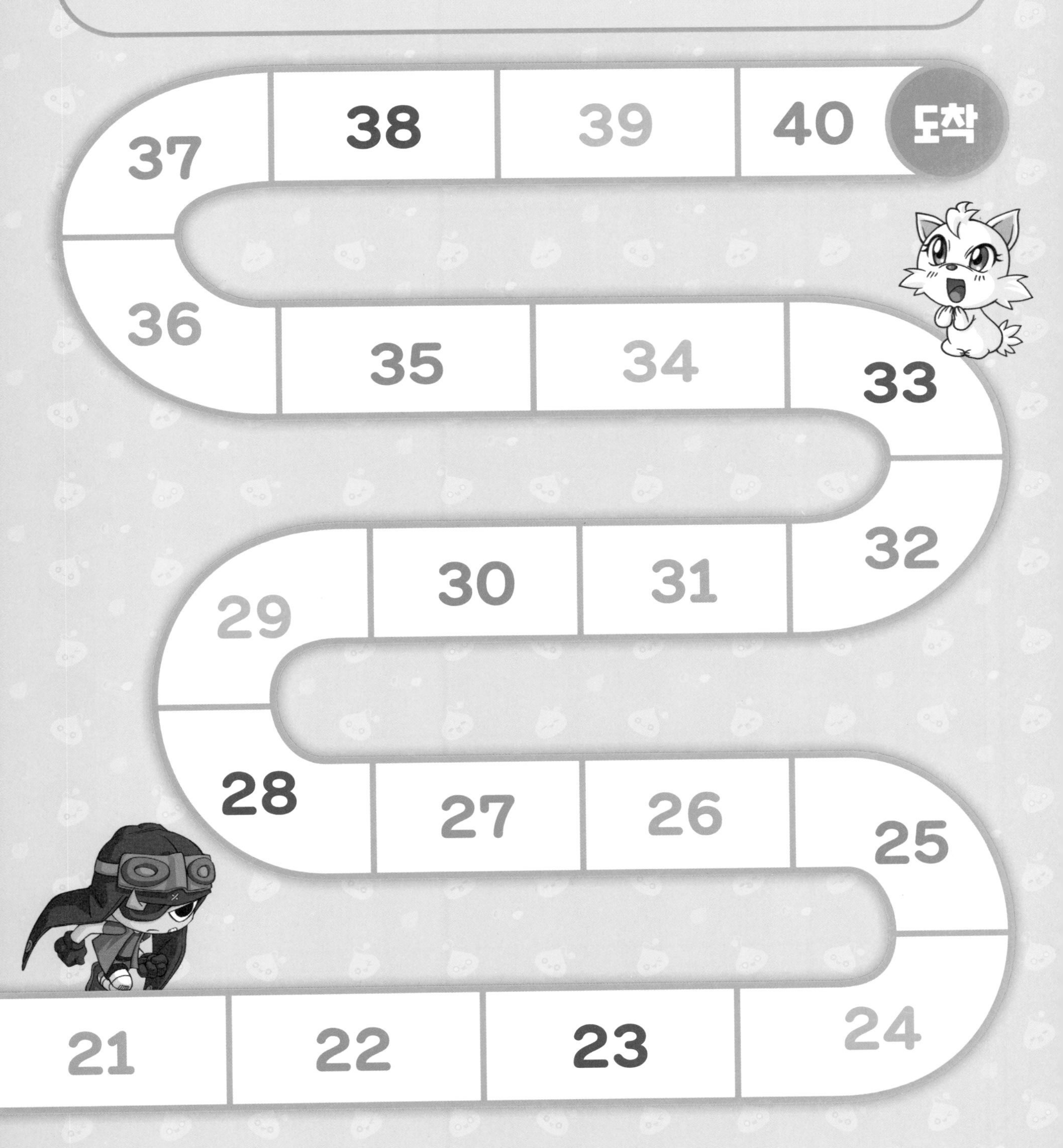

구구단 개념 익히기 2단계

1. 2씩 뛰어 세기를 하며 구구단 2단을 익혀요.
수직선 그림을 보고 값을 적어 보세요.

	2씩 뛰어 세기	값
1번	① 0 2	2
2번	0 2 4	4
3번	0 2 4 6	6
4번	0 2 4 6 8	
5번	0 2 4 6 8 10	
6번	0 2 4 6 8 10 12	
7번	0 2 4 6 8 10 12 14	
8번	0 2 4 6 8 10 12 14 16	
9번	0 2 4 6 8 10 12 14 16 18	

+2 +2 +2 +2 +2 +2 +2 +2

월 일

2. 수가 2씩 커지는 덧셈식을 보고 값을 써 보세요.

	2를 여러 번 더하기	값
1번	2	2
2번	2 + 2	4
3번	2 + 2 + 2	6
4번	2 + 2 + 2 + 2	
5번	2 + 2 + 2 + 2 + 2	
6번	2 + 2 + 2 + 2 + 2 + 2	
7번	2 + 2 + 2 + 2 + 2 + 2 + 2	
8번	2 + 2 + 2 + 2 + 2 + 2 + 2 + 2	
9번	2 + 2 + 2 + 2 + 2 + 2 + 2 + 2 + 2	

구구단 개념 익히기 2단계

1. 3씩 뛰어 세기를 하며 구구단 3단을 익혀요.
수직선 그림을 보고 값을 적어 보세요.

	3씩 뛰어 세기	값
1번	① 0 3	3
2번	0 3 6	6
3번	0 3 6 9	9
4번	0 3 6 9 12	
5번	0 3 6 9 12 15	
6번	0 3 6 9 12 15 18	
7번	0 3 6 9 12 15 18 21	
8번	0 3 6 9 12 15 18 21 24	
9번	0 3 6 9 12 15 18 21 24 27	

+3 +3 +3 +3 +3 +3 +3 +3

월 일

2. 수가 3씩 커지는 덧셈식을 보고 값을 써 보세요.

	3을 여러 번 더하기	값
1번	3	3
2번	3 + 3	6
3번	3 + 3 + 3	9
4번	3 + 3 + 3 + 3	
5번	3 + 3 + 3 + 3 + 3	
6번	3 + 3 + 3 + 3 + 3 + 3	
7번	3 + 3 + 3 + 3 + 3 + 3 + 3	
8번	3 + 3 + 3 + 3 + 3 + 3 + 3 + 3	
9번	3 + 3 + 3 + 3 + 3 + 3 + 3 + 3 + 3	

구구단 개념 익히기 2단계

1. 4씩 뛰어 세기를 하며 구구단 4단을 익혀요.
수직선 그림을 보고 값을 적어 보세요.

	4씩 뛰어 세기	값
1번	① 0 4	4
2번	0 4 8	8
3번	0 4 8 12	12
4번	0 4 8 12 16	
5번	0 4 8 12 16 20	
6번	0 4 8 12 16 20 24	
7번	0 4 8 12 16 20 24 28	
8번	0 4 8 12 16 20 24 28 32	
9번	0 4 8 12 16 20 24 28 32 36	

+4
+4
+4
+4
+4
+4
+4
+4

2. 수가 4씩 커지는 덧셈식을 보고 값을 써 보세요.

	4를 여러 번 더하기	값
1번	4	4
2번	4 + 4	8
3번	4 + 4 + 4	12
4번	4 + 4 + 4 + 4	
5번	4 + 4 + 4 + 4 + 4	
6번	4 + 4 + 4 + 4 + 4 + 4	
7번	4 + 4 + 4 + 4 + 4 + 4 + 4	
8번	4 + 4 + 4 + 4 + 4 + 4 + 4 + 4	
9번	4 + 4 + 4 + 4 + 4 + 4 + 4 + 4 + 4	

+4
+4
+4
+4
+4
+4
+4
+4

구구단 개념 익히기 2단계

1. 5씩 뛰어 세기를 하며 구구단 5단을 익혀요.
수직선 그림을 보고 값을 적어 보세요.

	5씩 뛰어 세기	값
1번	0 5	5
2번	0 5 10	10
3번	0 5 10 15	
4번	0 5 10 15 20	
5번	0 5 10 15 20 25	
6번	0 5 10 15 20 25 30	
7번	0 5 10 15 20 25 30 35	
8번	0 5 10 15 20 25 30 35 40	
9번	0 5 10 15 20 25 30 35 40 45	

+5 +5 +5 +5 +5 +5 +5 +5

2. 수가 5씩 커지는 덧셈식을 보고 값을 써 보세요.

	5를 여러 번 더하기	값
1번	5	5
2번	5 + 5	10
3번	5 + 5 + 5	15
4번	5 + 5 + 5 + 5	
5번	5 + 5 + 5 + 5 + 5	
6번	5 + 5 + 5 + 5 + 5 + 5	
7번	5 + 5 + 5 + 5 + 5 + 5 + 5	
8번	5 + 5 + 5 + 5 + 5 + 5 + 5 + 5	
9번	5 + 5 + 5 + 5 + 5 + 5 + 5 + 5 + 5	

구구단 개념 익히기 2단계

1. 6씩 뛰어 세기를 하며 구구단 6단을 익혀요.
수직선 그림을 보고 값을 적어 보세요.

	6씩 뛰어 세기	값
1번	0 6	6
2번	0 6 12	12
3번	0 6 12 18	
4번	0 6 12 18 24	
5번	0 6 12 18 24 30	
6번	0 6 12 18 24 30 36	
7번	0 6 12 18 24 30 36 42	
8번	0 6 12 18 24 30 36 42 48	
9번	0 6 12 18 24 30 36 42 48 54	

+6 +6 +6 +6 +6 +6 +6 +6

2. 수가 6씩 커지는 덧셈식을 보고 값을 써 보세요.

	6을 여러 번 더하기	값
1번	6	6
2번	6 + 6	12
3번	6 + 6 + 6	18
4번	6 + 6 + 6 + 6	
5번	6 + 6 + 6 + 6 + 6	
6번	6 + 6 + 6 + 6 + 6 + 6	
7번	6 + 6 + 6 + 6 + 6 + 6 + 6	
8번	6 + 6 + 6 + 6 + 6 + 6 + 6 + 6	
9번	6 + 6 + 6 + 6 + 6 + 6 + 6 + 6 + 6	

+6 +6 +6 +6 +6 +6 +6 +6

구구단 개념 익히기 2단계

1. 7씩 뛰어 세기를 하며 구구단 7단을 익혀요.
수직선 그림을 보고 값을 적어 보세요.

	7씩 뛰어 세기	값
1번	0 7	7
2번	0 7 14	14
3번	0 7 14 21	
4번	0 7 14 21 28	
5번	0 7 14 21 28 35	
6번	0 7 14 21 28 35 42	
7번	0 7 14 21 28 35 42 49	
8번	0 7 14 21 28 35 42 49 56	
9번	0 7 14 21 28 35 42 49 56 63	

+7 +7 +7 +7 +7 +7 +7 +7

2. 수가 7씩 커지는 덧셈식을 보고 값을 써 보세요.

	7을 여러 번 더하기	값
1번	7	7
2번	7 + 7	14
3번	7 + 7 + 7	21
4번	7 + 7 + 7 + 7	
5번	7 + 7 + 7 + 7 + 7	
6번	7 + 7 + 7 + 7 + 7 + 7	
7번	7 + 7 + 7 + 7 + 7 + 7 + 7	
8번	7 + 7 + 7 + 7 + 7 + 7 + 7 + 7	
9번	7 + 7 + 7 + 7 + 7 + 7 + 7 + 7 + 7	

+7 +7 +7 +7 +7 +7 +7 +7

구구단 개념 익히기 2단계

1. 8씩 뛰어 세기를 하며 구구단 8단을 익혀요.
수직선 그림을 보고 값을 적어 보세요.

	8씩 뛰어 세기	값
1번	0 8	8
2번	0 8 16	16
3번	0 8 16 24	
4번	0 8 16 24 32	
5번	0 8 16 24 32 40	
6번	0 8 16 24 32 40 48	
7번	0 8 16 24 32 40 48 56	
8번	0 8 16 24 32 40 48 56 64	
9번	0 8 16 24 32 40 48 56 64 72	

+8 +8 +8 +8 +8 +8 +8 +8

2. 수가 8씩 커지는 덧셈식을 보고 값을 써 보세요.

	8을 여러 번 더하기	값
1번	8	8
2번	8 + 8	16
3번	8 + 8 + 8	24
4번	8 + 8 + 8 + 8	
5번	8 + 8 + 8 + 8 + 8	
6번	8 + 8 + 8 + 8 + 8 + 8	
7번	8 + 8 + 8 + 8 + 8 + 8 + 8	
8번	8 + 8 + 8 + 8 + 8 + 8 + 8 + 8	
9번	8 + 8 + 8 + 8 + 8 + 8 + 8 + 8 + 8	

+8
+8
+8
+8
+8
+8
+8
+8

구구단 개념 익히기 2단계

1. 9씩 뛰어 세기를 하며 구구단 9단을 익혀요.
수직선 그림을 보고 값을 적어 보세요.

	9씩 뛰어 세기	값
1번	0 9	9
2번	0 9 18	18
3번	0 9 18 27	
4번	0 9 18 27 36	
5번	0 9 18 27 36 45	
6번	0 9 18 27 36 45 54	
7번	0 9 18 27 36 45 54 63	
8번	0 9 18 27 36 45 54 63 72	
9번	0 9 18 27 36 45 54 63 72 81	

+9 +9 +9 +9 +9 +9 +9 +9

2. 수가 9씩 커지는 덧셈식을 보고 값을 써 보세요.

	9를 여러 번 더하기	값
1번	9	9
2번	9 + 9	18
3번	9 + 9 + 9	27
4번	9 + 9 + 9 + 9	
5번	9 + 9 + 9 + 9 + 9	
6번	9 + 9 + 9 + 9 + 9 + 9	
7번	9 + 9 + 9 + 9 + 9 + 9 + 9	
8번	9 + 9 + 9 + 9 + 9 + 9 + 9 + 9	
9번	9 + 9 + 9 + 9 + 9 + 9 + 9 + 9 + 9	

다른그림찾기

왁자지껄 신나는 운동회

두근두근 밸런타인데이

메이플스토리 친구들의 추억 사진 속 다른 그림을 찾아보세요.
오른쪽, 왼쪽 사진을 잘 보고 서로 다른 그림 3개씩을 찾아 동그라미 하세요.

왁자지껄 신나는 운동회

두근두근 밸런타인데이

구구단에는 어떤 규칙이 숨어 있을까?

$$5 \times 3 = 15$$

곱해지는 수 (5) / 곱하는 수 (3)

5 X 3 = 15이고, 3 X 5 = 15예요. 곱해지는 수와 곱하는 수의 순서가 바뀌어도 답은 같지요. 이게 바로 곱셈의 교환 법칙이랍니다. 빵집에서 빵 15개를 진열했다고 생각해 볼까요?

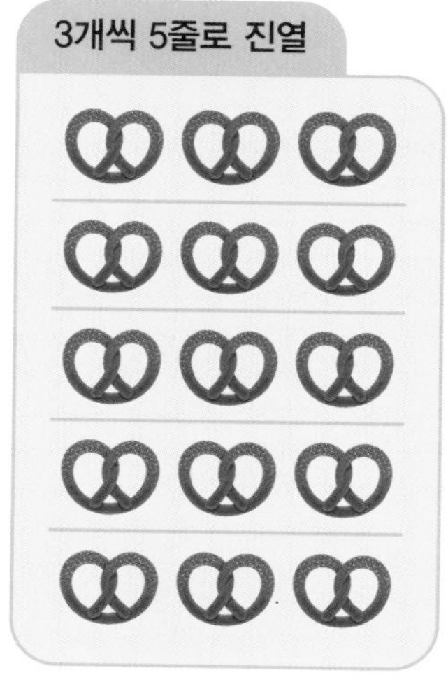

둘 다 빵 15개를 예쁘게 진열했다는 것은 똑같지만 모양이 달라요. 5 X 3은 빵을 5개씩 3줄로 진열했다는 의미이고, 3 X 5는 빵을 3개씩 5줄로 진열했다는 의미가 되지요.

2장

구구단 외우기

비교적 쉽게 외울 수 있는
2단, 5단을 먼저 외우고,
그 후 3단, 4단까지 외우면
어려운 6단, 7단, 8단,
9단의 반은 외운 거예요!

1. 2단을 소리 내어 읽고 한글로 써 보세요.

5번씩 읽기!

또박 또박!

2단	소리 내어 읽기	한글로 쓰기
2 × 1 = 2	이 일 은 이	
2 × 2 = 4	이 이 는 사	
2 × 3 = 6	이 삼 은 육	
2 × 4 = 8	이 사 팔	
2 × 5 = 10	이 오 십	
2 × 6 = 12	이 육 십이	
2 × 7 = 14	이 칠 십사	
2 × 8 = 16	이 팔 십육	
2 × 9 = 18	이 구 십팔	

소리 내어 읽을 때마다 숫자에 동그라미 표시해요!

1 2 3 4 5

월 일

2. 46쪽을 가리고 아래 빈칸을 채워 보세요.

한글 빈칸 채우기	의미 맞히기
이 ☐ 은 이	2가 1묶음
이 이 는 사	2가 ☐ 묶음
이 삼 은 ☐	2가 3묶음
이 사 팔	2가 ☐ 묶음
이 ☐ 십	2가 5묶음
이 육 ☐	2가 6묶음
이 ☐ 십사	2가 7묶음
이 팔 십육	2가 ☐ 묶음
이 ☐ 십팔	2가 9묶음

1. 3단을 소리 내어 읽고 한글로 써 보세요.

5번씩 읽기!

또박 또박!

3단	소리 내어 읽기	한글로 쓰기
3 × 1 = 3	삼 일은 삼	
3 × 2 = 6	삼 이 육	
3 × 3 = 9	삼 삼은 구	
3 × 4 = 12	삼 사 십이	
3 × 5 = 15	삼 오 십오	
3 × 6 = 18	삼 육 십팔	
3 × 7 = 21	삼 칠 이십일	
3 × 8 = 24	삼 팔 이십사	
3 × 9 = 27	삼 구 이십칠	

소리 내어 읽을 때마다 숫자에 동그라미 표시해요!

1 2 3 4 5

2. 48쪽을 가리고 아래 빈칸을 채워 보세요.

한글 빈칸 채우기	의미 맞히기
삼 일 은 ☐	3이 1묶음
삼 이 ☐	3이 2묶음
삼 삼 은 구	3이 ☐ 묶음
삼 ☐ 십이	3이 4묶음
삼 오 십오	3이 ☐ 묶음
삼 육 십팔	3이 ☐ 묶음
삼 칠 ☐	3이 7묶음
삼 ☐ 이십사	3이 8묶음
삼 구 이십칠	3이 ☐ 묶음

4단 구구단 읽기

1. 4단을 소리 내어 읽고 한글로 써 보세요.

5번씩 읽기!

또박 또박!

4단	소리 내어 읽기	한글로 쓰기
4 × 1 = 4	사 일은 사	
4 × 2 = 8	사 이 팔	
4 × 3 = 12	사 삼 십이	
4 × 4 = 16	사 사 십육	
4 × 5 = 20	사 오 이십	
4 × 6 = 24	사 육 이십사	
4 × 7 = 28	사 칠 이십팔	
4 × 8 = 32	사 팔 삼십이	
4 × 9 = 36	사 구 삼십육	

소리 내어 읽을 때마다 숫자에 동그라미 표시해요!

1 2 3 4 5

월 일

2. 50쪽을 가리고 아래 빈칸을 채워 보세요.

한글 빈칸 채우기	의미 맞히기
사 일 은 ☐	4가 1묶음
사 이 팔	4가 ☐ 묶음
사 삼 ☐	4가 3묶음
사 사 ☐	4가 4묶음
사 ☐ 이십	4가 5묶음
사 ☐ 이십사	4가 6묶음
사 칠 이십팔	4가 ☐ 묶음
사 팔 ☐	4가 8묶음
사 ☐ 삼십육	4가 9묶음

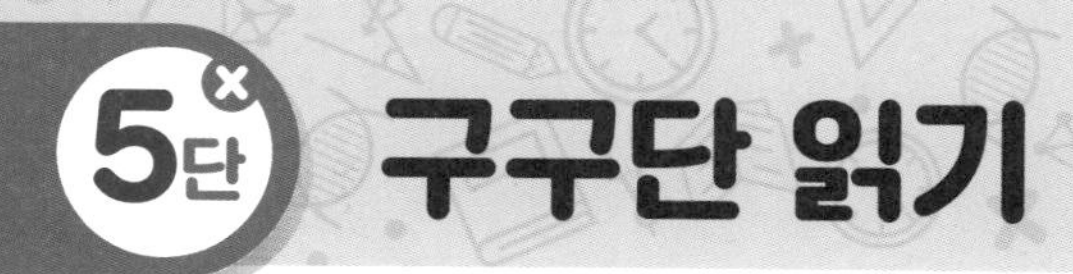

5단 구구단 읽기

1. 5단을 소리 내어 읽고 한글로 써 보세요.

5번씩 읽기!

또박 또박!

5단	소리 내어 읽기	한글로 쓰기
5 × 1 = 5	오 일 은 오	
5 × 2 = 10	오 이 십	
5 × 3 = 15	오 삼 십오	
5 × 4 = 20	오 사 이십	
5 × 5 = 25	오 오 이십오	
5 × 6 = 30	오 육 삼십	
5 × 7 = 35	오 칠 삼십오	
5 × 8 = 40	오 팔 사십	
5 × 9 = 45	오 구 사십오	

소리 내어 읽을 때마다 숫자에 동그라미 표시해요!

1 2 3 4 5

2. 52쪽을 가리고 아래 빈칸을 채워 보세요.

한글 빈칸 채우기	의미 맞히기
오 ( ) 은 오	5가 1묶음
오 이 십	5가 ( ) 묶음
오 삼 ( )	5가 3묶음
오 사 이십	5가 ( ) 묶음
오 오 이십오	5가 ( ) 묶음
오 ( ) 삼십	5가 6묶음
오 칠 삼십오	5가 ( ) 묶음
오 ( ) 사십	5가 8묶음
오 구 ( )	5가 9묶음

6단 구구단 읽기

1. 6단을 소리 내어 읽고 한글로 써 보세요.

5번씩 읽기!

또박 또박!

6단	소리 내어 읽기	한글로 쓰기
6 × 1 = 6	육 일은 육	
6 × 2 = 12	육 이 십이	
6 × 3 = 18	육 삼 십팔	
6 × 4 = 24	육 사 이십사	
6 × 5 = 30	육 오 삼십	
6 × 6 = 36	육 육 삼십육	
6 × 7 = 42	육 칠 사십이	
6 × 8 = 48	육 팔 사십팔	
6 × 9 = 54	육 구 오십사	

소리 내어 읽을 때마다 숫자에 동그라미 표시해요!

1 2 3 4 5

2. 54쪽을 가리고 아래 빈칸을 채워 보세요.

한글 빈칸 채우기	의미 맞히기
육 일은 육	6이 ☐ 묶음
육 이 ☐	6이 2묶음
육 ☐ 십팔	6이 3묶음
육 사 이십사	6이 ☐ 묶음
육 오 삼십	6이 ☐ 묶음
육 ☐ 삼십육	6이 6묶음
육 칠 ☐	6이 7묶음
육 ☐ 사십팔	6이 8묶음
육 구 오십사	6이 ☐ 묶음

1. 7단을 소리 내어 읽고 한글로 써 보세요.

5번씩 읽기!

또박 또박!

7단	소리 내어 읽기	한글로 쓰기
7 × 1 = 7	칠 일 은 칠	
7 × 2 = 14	칠 이 십사	
7 × 3 = 21	칠 삼 이십일	
7 × 4 = 28	칠 사 이십팔	
7 × 5 = 35	칠 오 삼십오	
7 × 6 = 42	칠 육 사십이	
7 × 7 = 49	칠 칠 사십구	
7 × 8 = 56	칠 팔 오십육	
7 × 9 = 63	칠 구 육십삼	

소리 내어 읽을 때마다 숫자에 동그라미 표시해요!

1 2 3 4 5

2. 56쪽을 가리고 아래 빈칸을 채워 보세요.

한글 빈칸 채우기	의미 맞히기
칠 일은 칠	7이 ☐ 묶음
칠 이 ☐	7이 2묶음
칠 ☐ 이십일	7이 3묶음
칠 사 이십팔	7이 ☐ 묶음
칠 오 삼십오	7이 ☐ 묶음
칠 육 ☐	7이 6묶음
칠 칠 사십구	7이 ☐ 묶음
칠 팔 ☐	7이 8묶음
칠 구 육십삼	7이 ☐ 묶음

1. 8단을 소리 내어 읽고 한글로 써 보세요.

5번씩 읽기!

또박 또박!

8단	소리 내어 읽기	한글로 쓰기
8 × 1 = 8	팔 일은 팔	
8 × 2 = 16	팔 이 십육	
8 × 3 = 24	팔 삼 이십사	
8 × 4 = 32	팔 사 삼십이	
8 × 5 = 40	팔 오 사십	
8 × 6 = 48	팔 육 사십팔	
8 × 7 = 56	팔 칠 오십육	
8 × 8 = 64	팔 팔 육십사	
8 × 9 = 72	팔 구 칠십이	

소리 내어 읽을 때마다 숫자에 동그라미 표시해요!

1 2 3 4 5

2. 58쪽을 가리고 아래 빈칸을 채워 보세요.

한글 빈칸 채우기	의미 맞히기
팔 일은 팔	8이 묶음
팔 십육	8이 2묶음
팔 삼 이십사	8이 묶음
팔 사 삼십이	8이 묶음
팔 오	8이 5묶음
팔 육 사십팔	8이 묶음
팔 오십육	8이 7묶음
팔 팔 육십사	8이 묶음
팔 칠십이	8이 9묶음

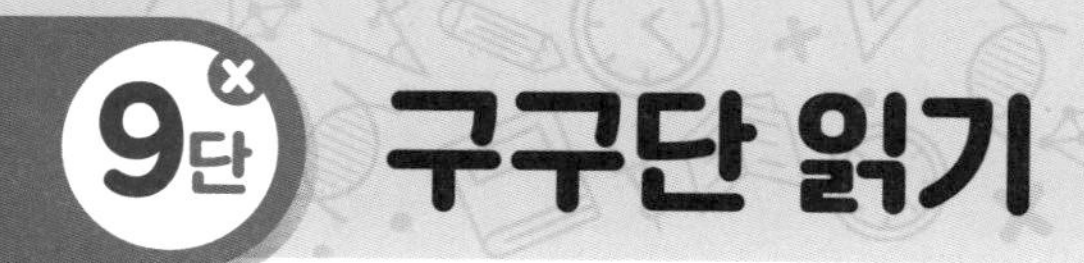

1. 9단을 소리 내어 읽고 한글로 써 보세요.

5번씩 읽기!

또박 또박!

9단	소리 내어 읽기	한글로 쓰기
9 × 1 = 9	구 일은 구	구 일은 구
9 × 2 = 18	구 이 십팔	
9 × 3 = 27	구 삼 이십칠	
9 × 4 = 36	구 사 삼십육	
9 × 5 = 45	구 오 사십오	
9 × 6 = 54	구 육 오십사	
9 × 7 = 63	구 칠 육십삼	
9 × 8 = 72	구 팔 칠십이	
9 × 9 = 81	구 구 팔십일	

소리 내어 읽을 때마다 숫자에 동그라미 표시해요!

1 2 3 4 5

2. 60쪽을 가리고 아래 빈칸을 채워 보세요.

한글 빈칸 채우기	의미 맞히기
구 일 은	9가 1묶음
구 이 십팔	9가 묶음
구 삼	9가 3묶음
구 사	9가 4묶음
구 사십오	9가 5묶음
구 육 오십사	9가 묶음
구 육십삼	9가 7묶음
구 팔 칠십이	9가 묶음
구 구	9가 9묶음

슬라임의 규칙을 찾아라!

<보기>에 있는 슬라임 표정의 순서대로 따라가서 도착지로 가 보세요.

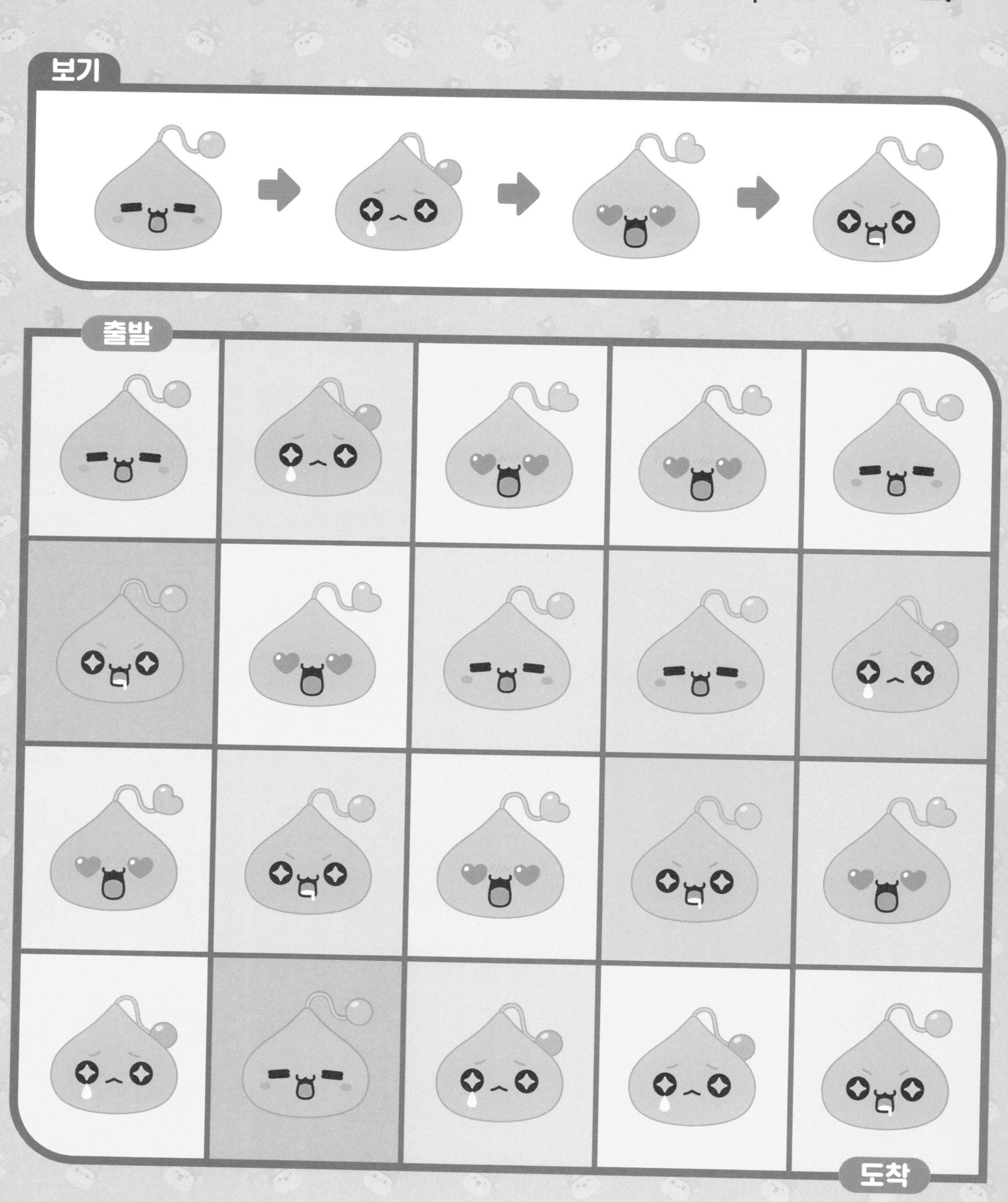

구구단 색칠 놀이

구구단의 답을 구하고, 정답에 해당하는 색깔로 핑크빈을 색칠해요.

곱셈식이 없는 부분은 색칠하지 않아요.

구구단 따라 쓰기

1. 2단의 곱셈식을 써 보세요.

회색 글씨 따라 쓰기!

직접 써 보기

	회색 글씨 따라 쓰기!	직접 써 보기
2 × 1 = 2		
2 × 2 = 4		
2 × 3 = 6		
2 × 4 = 8		
2 × 5 = 10		
2 × 6 = 12		
2 × 7 = 14		
2 × 8 = 16		
2 × 9 = 18		

2. 말랑말랑 구구단 문제 풀기

문제 1

델리키와 바우가 옥수수를 2개씩 먹으려면 모두 몇 개의 옥수수가 있어야 할까요?

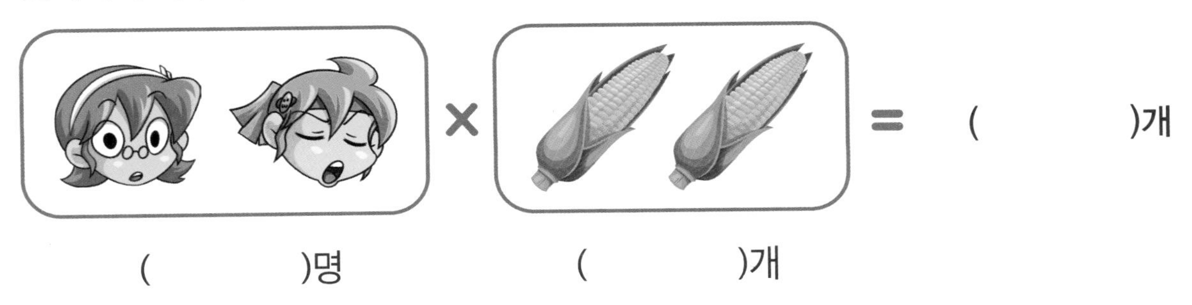

( )명 × ( )개 = ( )개

문제 2

도도가 사탕을 2개씩 5명의 친구들에게 나누어 주려고 해요.
사탕은 모두 몇 개 필요할지 묶어 세기를 이용해 알아보세요.

( )개

문제 3

다음 곱셈식을 보고 맞으면 O, 틀리면 X를 표시해 보세요.

① **2 X 4 = 10** ( )   ② **2 X 4 = 8** ( )

구구단 따라 쓰기

1. 3단의 곱셈식을 써 보세요.

회색 글씨 따라 쓰기!

직접 써 보기

3 × 1 = 3		
3 × 2 = 6		
3 × 3 = 9		
3 × 4 = 12		
3 × 5 = 15		
3 × 6 = 18		
3 × 7 = 21		
3 × 8 = 24		
3 × 9 = 27		

2. 말랑말랑 구구단 문제 풀기

문제 1

곱셈식과 덧셈식을 보고 가운데에서 정답을 찾아 알맞게 이어 보세요.

3 × 3	21	3+3+3
3 × 5	9	3+3+3+3+3+3+3
3 × 7	15	3+3+3+3+3

문제 2

아루루가 3명의 친구들에게 과자를 5개씩 나누어 주려고 해요.
과자는 모두 몇 개 필요할지 곱셈식을 써 보고 답을 구해 보세요.

과자를 3명에게
5개씩 나눠 줄 거니까
3단을 활용해서
곱셈식을 만들어요!

곱셈식 만들기

☐명 × ☐개 = ☐개

과자는 (   )개 필요해요.

구구단 따라 쓰기

1. 4단의 곱셈식을 써 보세요.

회색 글씨 따라 쓰기!

직접 써 보기

	회색 글씨 따라 쓰기!	직접 써 보기
4 × 1 = 4	4 × 1 = 4	
4 × 2 = 8	4 × 2 = 8	
4 × 3 = 12	4 × 3 = 12	
4 × 4 = 16	4 × 4 = 16	
4 × 5 = 20	4 × 5 = 20	
4 × 6 = 24	4 × 6 = 24	
4 × 7 = 28	4 × 7 = 28	
4 × 8 = 32	4 × 8 = 32	
4 × 9 = 36	4 × 9 = 36	

2. 말랑말랑 구구단 문제 풀기

문제 1

델리키의 집에 딸기가 12개 있어요.
친구들에게 딸기를 4개씩 나누어 주려고 해요.
몇 명의 친구들이 딸기를 먹을 수 있을까요?
딸기를 4개씩 묶어 보면서 곱셈식을 만들어 보세요.

델리키 집에 있는 딸기의 개수

☐ 개 × ☐ 명 = ☐ 개

문제 2

다음 곱셈식을 보고 맞으면 O, 틀리면 X를 표시해 보세요.

① 4 X 8 = 48 (　　　) ② 4 X 8 = 32 (　　　)

구구단 따라 쓰기

1. 5단의 곱셈식을 써 보세요.

회색 글씨 따라 쓰기!

직접 써 보기

5 × 1 = 5		
5 × 2 = 10		
5 × 3 = 15		
5 × 4 = 20		
5 × 5 = 25		
5 × 6 = 30		
5 × 7 = 35		
5 × 8 = 40		
5 × 9 = 45		

2. 말랑말랑 구구단 문제 풀기

문제 1

덧셈식 5+5+5+5+5와 값이 같은 곱셈식을 찾아보세요.

① **5 X 2**　② **5 X 3**

③ **5 X 9**　④ **5 X 5**

문제 2

덧셈식과 곱셈식을 보고 가운데에서 정답을 찾아 알맞게 이어 보세요.

5+5 •	• 20 •	• 5 × 8
5+5+5+5+5+5+5+5 •	• 40 •	• 5 × 4
5+5+5+5 •	• 10 •	• 5 × 2

문제 3

다음 곱셈식을 보고 맞으면 O, 틀리면 X를 표시해 보세요.

① **5 X 4 = 9**　(　　　)　② **5 X 4 = 20**　(　　　)

구구단 따라 쓰기

1. 6단의 곱셈식을 써 보세요.

	회색 글씨 따라 쓰기!	직접 써 보기
6 × 1 = 6	6 × 1 = 6	
6 × 2 = 12	6 × 2 = 12	
6 × 3 = 18	6 × 3 = 18	
6 × 4 = 24	6 × 4 = 24	
6 × 5 = 30	6 × 5 = 30	
6 × 6 = 36	6 × 6 = 36	
6 × 7 = 42	6 × 7 = 42	
6 × 8 = 48	6 × 8 = 48	
6 × 9 = 54	6 × 9 = 54	

2. 말랑말랑 구구단 문제 풀기

문제 1

도넛 가게에서 도넛을 6개씩 묶어서 팔고 있어요. 가게에 있는 도넛은 모두 몇 개인지 6단을 활용하여 곱셈식을 만들어 알아보세요.

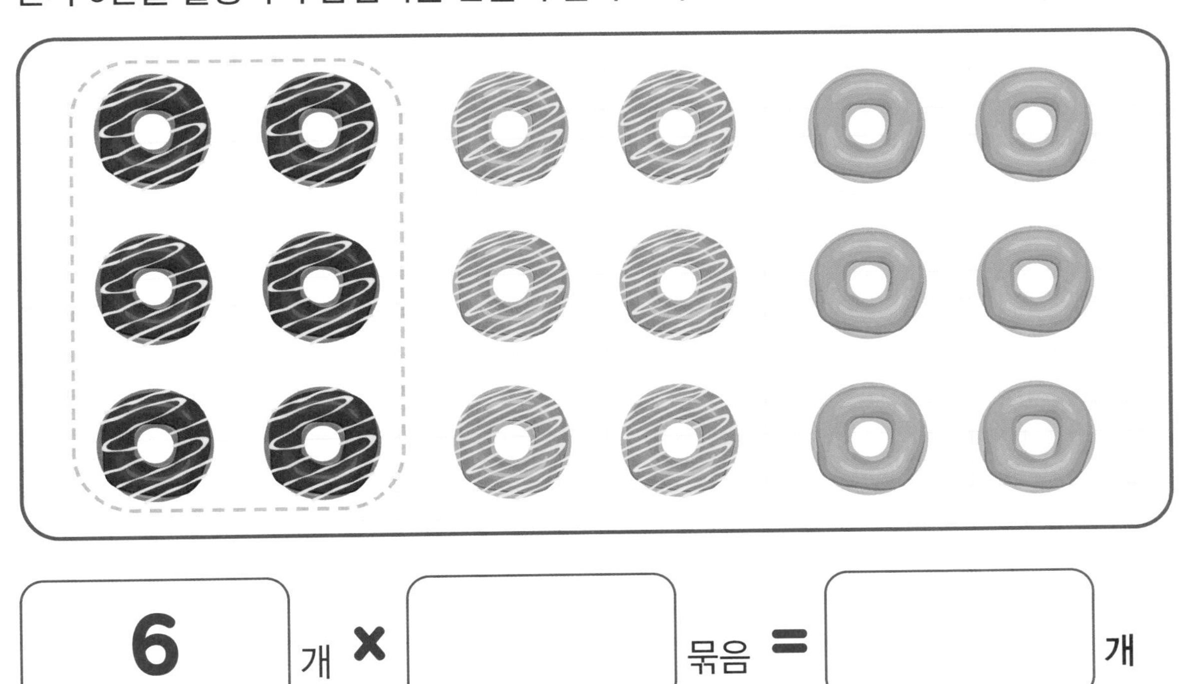

6 개 × ☐ 묶음 = ☐ 개

문제 2

덧셈식 6+6+6+6+6+6+6+6과 값이 같은 곱셈식을 찾아보세요.

① 6 × 8 ② 6 × 7

③ 6 × 6 ④ 6 × 5

구구단 따라 쓰기

1. 7단의 곱셈식을 써 보세요.

	회색 글씨 따라 쓰기!	직접 써 보기
7 × 1 = 7		
7 × 2 = 14		
7 × 3 = 21		
7 × 4 = 28		
7 × 5 = 35		
7 × 6 = 42		
7 × 7 = 49		
7 × 8 = 56		
7 × 9 = 63		

월 일

2. 말랑말랑 구구단 문제 풀기

문제 1

아래에서 7단의 정답이 될 수 있는 수에 동그라미 하세요.

21	30	42
47	49	63

문제 2

풍선은 모두 몇 개일까요?
풍선을 7개씩 묶은 후 곱셈식을 만들어 알아보세요.

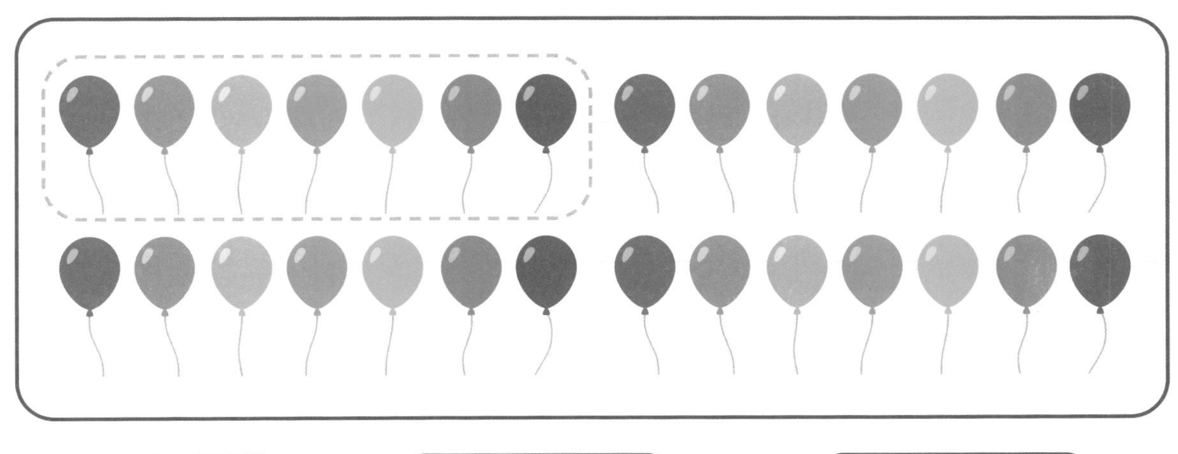

7 개 × ☐ 묶음 = ☐ 개

구구단 따라 쓰기

1. 8단의 곱셈식을 써 보세요.

회색 글씨 따라 쓰기!

직접 써 보기

	회색 글씨 따라 쓰기!	직접 써 보기
$8 \times 1 = 8$	$8 \times 1 = 8$	
$8 \times 2 = 16$	$8 \times 2 = 16$	
$8 \times 3 = 24$	$8 \times 3 = 24$	
$8 \times 4 = 32$	$8 \times 4 = 32$	
$8 \times 5 = 40$	$8 \times 5 = 40$	
$8 \times 6 = 48$	$8 \times 6 = 48$	
$8 \times 7 = 56$	$8 \times 7 = 56$	
$8 \times 8 = 64$	$8 \times 8 = 64$	
$8 \times 9 = 72$	$8 \times 9 = 72$	

월 일

2. 말랑말랑 구구단 문제 풀기

문제 1

곱셈식과 덧셈식을 보고 가운데에서 정답을 찾아 알맞게 이어 보세요.

곱셈식	정답	덧셈식
8 × 9	40	8+8+8+8+8
8 × 1	8	8+8+8+8+8+8+8+8+8
8 × 5	72	8

문제 2

8조각으로 나누어진 초콜릿이 총 4개 있어요. 친구들에게 한 조각씩 뜯어서 나누어 주면 모두 몇 명의 친구들이 초콜릿을 먹을 수 있을까요?
8단을 활용하여 곱셈식을 만들어 알아보세요.

8 조각 × [ ] 개 = [ ] 명

구구단 따라 쓰기

1. 9단의 곱셈식을 써 보세요.

	회색 글씨 따라 쓰기!	직접 써 보기
$9 \times 1 = 9$		
$9 \times 2 = 18$		
$9 \times 3 = 27$		
$9 \times 4 = 36$		
$9 \times 5 = 45$		
$9 \times 6 = 54$		
$9 \times 7 = 63$		
$9 \times 8 = 72$		
$9 \times 9 = 81$		

2. 말랑말랑 구구단 문제 풀기

문제 1

아래에서 9단의 정답이 될 수 있는 수에 동그라미 하세요.

19	54	36
63	33	45

문제 2

곱셈식 9 X 3과 값이 같은 덧셈식을 찾아보세요.

① 9 + 9 + 9 + 9 + 9 + 9　　② 9 + 9 + 9 + 9 + 9

③ 9 + 9 + 9　　④ 9 + 9 + 9 + 9 + 9 + 9 + 9

문제 3

다음 곱셈식을 보고 맞으면 O, 틀리면 X를 표시해 보세요.

① $9 \times 5 = 54$　(　　)　② $9 \times 5 = 45$　(　　)

숨은그림찾기

숨은 그림 7개

리본, 동전, 연필, 당근, 쿠키, 나뭇가지, 마이크

집중해서
찾아보세요!

재미있는 구구단 상식 ❸

구구단 쉽게 외우는 방법

x	1	2	3	4	5	6	7	8	9
2	2	4	6	8	10	12	14	16	18

먼저 2단을 살펴봐요. 한 자리씩 건너뛰면 4단의 답이 나와요. 이처럼 2단을 활용해서 4단을 외울 수 있어요.

x 4	4	8	12	16	20	24	28	32	36

5단 쉽게 정복하기

x 5	5	10	15	20	25	30	35	40	45

5단을 살펴봐요. 5단은 끝자리에 5와 0이 반복돼서 나와요. 시계에서 분을 가리키는 긴바늘을 본다고 생각하고 외우면 쉬워요.

6단 쉽게 정복하기

x 6	6	12	18	24	30	36	42	48	54

6단을 살펴봐요. 6단은 끝자리에 6, 2, 8, 4, 0, 6, 2, 8, 4가 반복돼서 나와요.

8단 쉽게 정복하기

x 8	8	16	24	32	40	48	56	64	72

8단을 살펴봐요. 8단은 끝자리에 8, 6, 4, 2, 0, 8, 6, 4, 2가 반복돼서 나와요.

3장
구구단
연습하기

내가 얼마나 외웠는지
확인해 보세요!
헷갈리는 건 5번씩
소리 내서 더 외워 보세요.

도전! 짝수 구구단

1. 아래 빈칸을 채우며 배수로 2단의 곱셈식을 만들어 보세요.

배수 알아보기	곱셈식 만들기
2의 1배는 □	2 × □ = 2
2의 2배는 4	2 × □ = 4
2의 □ 배는 6	2 × 3 = □
2의 4배는 8	2 × □ = 8
2의 □ 배는 10	2 × 5 = 10
2의 6배는 12	2 × 6 = □
2의 7배는 □	2 × □ = 14
2의 □ 배는 16	□ × 8 = 16
2의 9배는 18	2 × 9 = □

2. 도전! 짝수 구구단 2단을 난이도에 따라 정복해 보세요.

2개씩 짝을 만들 때 남는 게 없으면 짝수예요.

쉬움 ★	보통 ★★	어려움 ★★★
$2 \times 1 =$	$2 \times 9 =$	$2 \times \square = 4$
$2 \times 2 =$	$2 \times 8 =$	$2 \times \square = 8$
$2 \times 3 =$	$2 \times 7 =$	$2 \times 6 = \square$
$2 \times 4 =$	$2 \times 6 =$	$2 \times \square = 2$
$2 \times 5 =$	$2 \times 5 =$	$2 \times 7 = \square$
$2 \times 6 =$	$2 \times 4 =$	$2 \times \square = 16$
$2 \times 7 =$	$2 \times 3 =$	$2 \times \square = 6$
$2 \times 8 =$	$2 \times 2 =$	$2 \times \square = 18$
$2 \times 9 =$	$2 \times 1 =$	$2 \times 5 = \square$

도전! 짝수 구구단

1. 아래 빈칸을 채우며 배수로 4단의 곱셈식을 만들어 보세요.

배수 알아보기	곱셈식 만들기
4의 ☐ 배는 4	$4 \times 1 = 4$
4의 2배는 ☐	$4 \times$ ☐ $= 8$
4의 3배는 ☐	$4 \times$ ☐ $= 12$
4의 ☐ 배는 16	$4 \times 4 =$ ☐
4의 ☐ 배는 20	$4 \times 5 = 20$
4의 6배는 24	$4 \times 6 =$ ☐
4의 7배는 ☐	$4 \times$ ☐ $= 28$
4의 ☐ 배는 32	$4 \times 8 =$ ☐
4의 9배는 36	$4 \times$ ☐ $= 36$

월 일

2. 도전! 짝수 구구단 4단을 난이도에 따라 정복해 보세요.

쉬움 ★	보통 ★★	어려움 ★★★
$4 \times 1 =$	$4 \times 9 =$	$4 \times 4 = \square$
$4 \times 2 =$	$4 \times 8 =$	$4 \times \square = 28$
$4 \times 3 =$	$4 \times 7 =$	$4 \times \square = 36$
$4 \times 4 =$	$4 \times 6 =$	$4 \times \square = 24$
$4 \times 5 =$	$4 \times 5 =$	$4 \times \square = 4$
$4 \times 6 =$	$4 \times 4 =$	$4 \times 2 = \square$
$4 \times 7 =$	$4 \times 3 =$	$4 \times \square = 32$
$4 \times 8 =$	$4 \times 2 =$	$4 \times 5 = \square$
$4 \times 9 =$	$4 \times 1 =$	$4 \times 3 = \square$

6단 도전! 짝수 구구단

1. 아래 빈칸을 채우며 배수로 6단의 곱셈식을 만들어 보세요.

배수 알아보기	곱셈식 만들기
6의 ☐ 배는 6	6 × 1 = 6
6의 ☐ 배는 12	6 × 2 = ☐
6의 3배는 ☐	6 × ☐ = 18
6의 ☐ 배는 24	6 × 4 = ☐
6의 5배는 ☐	6 × ☐ = 30
6의 6배는 ☐	6 × ☐ = 36
6의 ☐ 배는 42	6 × 7 = ☐
6의 ☐ 배는 48	6 × 8 = ☐
6의 9배는 ☐	6 × ☐ = 54

2. 도전! 짝수 구구단 6단을 난이도에 따라 정복해 보세요.

쉬움 ★	보통 ★★	어려움 ★★★
$6 \times 1 =$	$6 \times 9 =$	$6 \times 1 = \square$
$6 \times 2 =$	$6 \times 8 =$	$6 \times 5 = \square$
$6 \times 3 =$	$6 \times 7 =$	$6 \times 9 = \square$
$6 \times 4 =$	$6 \times 6 =$	$6 \times \square = 12$
$6 \times 5 =$	$6 \times 5 =$	$6 \times 3 = \square$
$6 \times 6 =$	$6 \times 4 =$	$6 \times 4 = \square$
$6 \times 7 =$	$6 \times 3 =$	$6 \times \square = 42$
$6 \times 8 =$	$6 \times 2 =$	$6 \times \square = 48$
$6 \times 9 =$	$6 \times 1 =$	$6 \times 6 = \square$

도전! 짝수 구구단

1. 아래 빈칸을 채우며 배수로 8단의 곱셈식을 만들어 보세요.

배수 알아보기	곱셈식 만들기
8의 1배는 □	$8 \times \square = 8$
8의 □ 배는 16	$8 \times 2 = \square$
8의 □ 배는 24	$8 \times 3 = \square$
8의 □ 배는 32	$8 \times 4 = \square$
8의 5배는 □	$8 \times \square = 40$
8의 □ 배는 48	$8 \times 6 = \square$
8의 7배는 □	$8 \times \square = 56$
8의 □ 배는 64	$8 \times 8 = \square$
8의 □ 배는 72	$8 \times 9 = \square$

2. 도전! 짝수 구구단 8단을 난이도에 따라 정복해 보세요.

쉬움 ★	보통 ★★	어려움 ★★★
8 × 1 =	8 × 9 =	8 × ☐ = 40
8 × 2 =	8 × 8 =	8 × ☐ = 8
8 × 3 =	8 × 7 =	8 × 6 = ☐
8 × 4 =	8 × 6 =	8 × 2 = ☐
8 × 5 =	8 × 5 =	8 × ☐ = 72
8 × 6 =	8 × 4 =	8 × 3 = ☐
8 × 7 =	8 × 3 =	8 × ☐ = 56
8 × 8 =	8 × 2 =	8 × ☐ = 32
8 × 9 =	8 × 1 =	8 × 8 = ☐

도전! 짝수 구구단

1. 아래 곱셈표에 짝수 구구단의 수를 써넣으세요.

X	1	2	3	4	5	6	7	8	9
2	2								

X	1	2	3	4	5	6	7	8	9
4	4								

X	1	2	3	4	5	6	7	8	9
6	6								

X	1	2	3	4	5	6	7	8	9
8	8								

2. 도전! 짝수 구구단을 난이도에 따라 정복해 보세요!
문제를 푸는 데 걸린 시간도 적어 보세요.

쉬움 ★
2 × 9 =
4 × 8 =
6 × 4 =
6 × 9 =
8 × 4 =
8 × 8 =
6 × 7 =
2 × 5 =
4 × 7 =

어려움 ★★★
8 × ☐ = 40
4 × 5 = ☐
2 × ☐ = 8
8 × ☐ = 72
6 × 6 = ☐
8 × 3 = ☐
4 × 3 = ☐
2 × ☐ = 18
6 × ☐ = 48

푸는 데 걸린 시간	분

맞힌 개수	개

탈출! 미로 찾기

바우가 구구단의 정답을 찾아 도착지까지 갈 수 있도록 도와주세요.

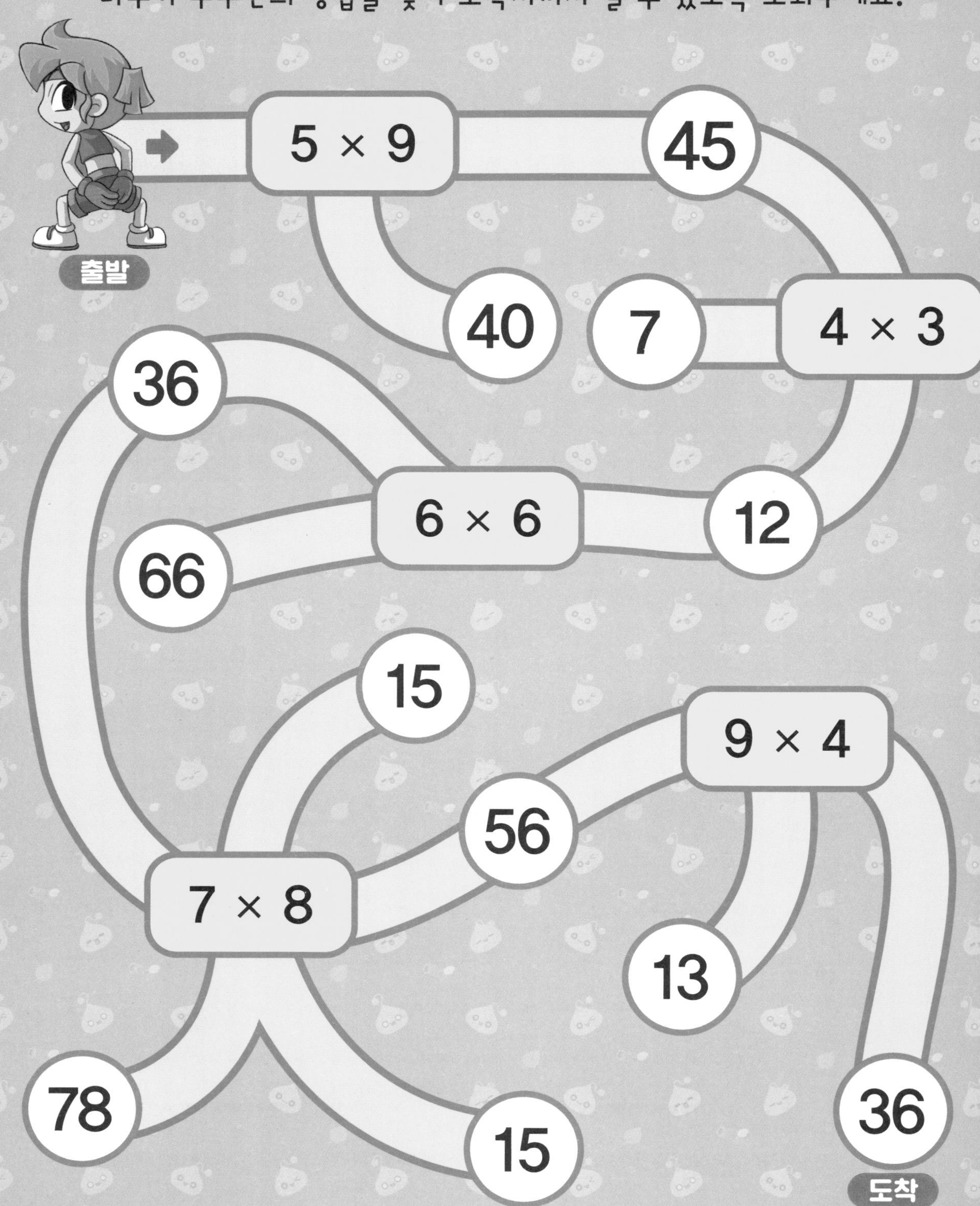

도도가 복잡한 미로를 탈출할 수 있도록 도와주세요.

출발

도착

도전! 홀수 구구단

1. 아래 빈칸을 채우며 배수로 3단의 곱셈식을 만들어 보세요.

배수 알아보기	곱셈식 만들기
3의 1배는 ☐	$3 \times ☐ = 3$
3의 2배는 ☐	$3 \times ☐ = 6$
3의 ☐ 배는 9	$3 \times 3 = ☐$
3의 ☐ 배는 12	$3 \times 4 = ☐$
3의 ☐ 배는 15	$3 \times 5 = ☐$
3의 ☐ 배는 18	$3 \times 6 = ☐$
3의 7배는 ☐	$3 \times ☐ = 21$
3의 ☐ 배는 24	$3 \times 8 = ☐$
3의 9배는 ☐	$3 \times ☐ = 27$

월 일

2. 도전! 홀수 구구단 3단을 난이도에 따라 정복해 보세요.

2개씩 짝을 만들 때 남는 게 있으면 홀수예요.

쉬움 ★	보통 ★★	어려움 ★★★
3 × 1 =	3 × 9 =	3 × ☐ = 6
3 × 2 =	3 × 8 =	3 × ☐ = 3
3 × 3 =	3 × 7 =	3 × 3 = ☐
3 × 4 =	3 × 6 =	3 × ☐ = 15
3 × 5 =	3 × 5 =	3 × 7 = ☐
3 × 6 =	3 × 4 =	3 × 8 = ☐
3 × 7 =	3 × 3 =	3 × 4 = ☐
3 × 8 =	3 × 2 =	3 × ☐ = 18
3 × 9 =	3 × 1 =	3 × ☐ = 27

도전! 홀수 구구단

1. 아래 빈칸을 채우며 배수로 5단의 곱셈식을 만들어 보세요.

배수 알아보기	곱셈식 만들기
5의 ☐ 배는 5	5 × 1 = ☐
5의 ☐ 배는 10	5 × 2 = ☐
5의 3배는 ☐	5 × ☐ = 15
5의 ☐ 배는 20	5 × 4 = ☐
5의 ☐ 배는 25	5 × 5 = ☐
5의 6배는 ☐	5 × ☐ = 30
5의 ☐ 배는 35	5 × 7 = ☐
5의 8배는 ☐	5 × ☐ = 40
5의 9배는 ☐	5 × ☐ = 45

월 일

2. 도전! 홀수 구구단 5단을 난이도에 따라 정복해 보세요.

쉬움 ★	보통 ★★	어려움 ★★★
5 × 1 =	5 × 9 =	5 × ☐ = 20
5 × 2 =	5 × 8 =	5 × 7 = ☐
5 × 3 =	5 × 7 =	5 × ☐ = 15
5 × 4 =	5 × 6 =	5 × ☐ = 45
5 × 5 =	5 × 5 =	5 × ☐ = 10
5 × 6 =	5 × 4 =	5 × ☐ = 40
5 × 7 =	5 × 3 =	5 × 5 = ☐
5 × 8 =	5 × 2 =	5 × ☐ = 5
5 × 9 =	5 × 1 =	5 × 6 = ☐

7단

도전! 홀수 구구단

1. 아래 빈칸을 채우며 배수로 7단의 곱셈식을 만들어 보세요.

배수 알아보기	곱셈식 만들기
7의 □ 배는 7	$7 \times 1 =$ □
7의 2배는 □	$7 \times$ □ $= 14$
7의 □ 배는 21	$7 \times 3 =$ □
7의 □ 배는 28	$7 \times 4 =$ □
7의 5배는 □	$7 \times$ □ $= 35$
7의 6배는 □	$7 \times$ □ $= 42$
7의 □ 배는 49	$7 \times 7 =$ □
7의 8배는 □	$7 \times$ □ $= 56$
7의 9배는 □	$7 \times$ □ $= 63$

월 일

2. 도전! 홀수 구구단 7단을 난이도에 따라 정복해 보세요.

쉬움 ★	보통 ★★	어려움 ★★★
7 × 1 =	7 × 9 =	7 × ☐ = 14
7 × 2 =	7 × 8 =	7 × 4 = ☐
7 × 3 =	7 × 7 =	7 × 1 = ☐
7 × 4 =	7 × 6 =	7 × ☐ = 42
7 × 5 =	7 × 5 =	7 × ☐ = 56
7 × 6 =	7 × 4 =	7 × 5 = ☐
7 × 7 =	7 × 3 =	7 × 9 = ☐
7 × 8 =	7 × 2 =	7 × 3 = ☐
7 × 9 =	7 × 1 =	7 × 7 = ☐

도전! 홀수 구구단

1. 아래 빈칸을 채우며 배수로 9단의 곱셈식을 만들어 보세요.

배수 알아보기	곱셈식 만들기
9의 1배는 □	9 × □ = 9
9의 2배는 □	9 × □ = 18
9의 □ 배는 27	9 × 3 = □
9의 □ 배는 36	9 × 4 = □
9의 □ 배는 45	9 × 5 = □
9의 6배는 □	9 × □ = 54
9의 □ 배는 63	9 × 7 = □
9의 □ 배는 72	9 × 8 = □
9의 9배는 □	9 × 9 = □

월 일

2. 도전! 홀수 구구단 9단을 난이도에 따라 정복해 보세요.

쉬움 ★	보통 ★★	어려움 ★★★
9 × 1 =	9 × 9 =	9 × ☐ = 54
9 × 2 =	9 × 8 =	9 × ☐ = 27
9 × 3 =	9 × 7 =	9 × 2 = ☐
9 × 4 =	9 × 6 =	9 × 1 = ☐
9 × 5 =	9 × 5 =	9 × 7 = ☐
9 × 6 =	9 × 4 =	9 × ☐ = 72
9 × 7 =	9 × 3 =	9 × 9 = ☐
9 × 8 =	9 × 2 =	9 × 4 = ☐
9 × 9 =	9 × 1 =	9 × 5 = ☐

도전! 홀수 구구단

1. 아래 곱셈표에 홀수 구구단의 수를 써넣으세요.

x	1	2	3	4	5	6	7	8	9
3	3								

x	1	2	3	4	5	6	7	8	9
5	5								

x	1	2	3	4	5	6	7	8	9
7	7								

x	1	2	3	4	5	6	7	8	9
9	9								

2개씩
짝을 만들어 줘야 하는데,
남는 게 있으면 홀수야.

2. 도전! 홀수 구구단을 난이도에 따라 정복해 보세요!
문제를 푸는 데 걸린 시간도 적어 보세요.

쉬움 ★	어려움 ★★★
$7 \times 8 =$	$9 \times \square = 27$
$5 \times 6 =$	$9 \times 4 = \square$
$9 \times 6 =$	$7 \times 7 = \square$
$7 \times 3 =$	$5 \times \square = 15$
$3 \times 1 =$	$9 \times 9 = \square$
$5 \times 2 =$	$3 \times \square = 24$
$3 \times 6 =$	$5 \times \square = 5$
$9 \times 8 =$	$7 \times \square = 42$
$7 \times 2 =$	$3 \times 3 = \square$

푸는 데 걸린 시간	분

맞힌 개수	개

캐릭터 퍼즐을 찾아라!

메이플스토리 친구들 퍼즐이에요.

빈 곳에 들어갈 알맞은 퍼즐 조각을 ①~⑧ 중에서 찾아보세요.

퍼즐을 잘 보고
조각을
찾아보세요!

1
2
3
4
5
6
7
8

재미있는 구구단 상식 ④

외우지 않고 9단 정복하기

x	1	2	3	4	5	6	7	8	9
9	9	18	27	36	45	54	63	72	81

손가락으로 9 X 4 정답 구하기

① 양 손바닥이 하늘을 보도록 펴요.

② 9에 곱하는 수인 4에 해당하는 왼손의 네 번째 손가락을 접어요.

③ 접힌 네 번째 손가락을 경계로 왼쪽에 남은 손가락 개수가 9 X 4 정답의 십의 자리, 오른쪽에 남은 손가락 개수가 일의 자리예요.

왼쪽

손가락 3개가 남아 있으므로 십의 자리는 3

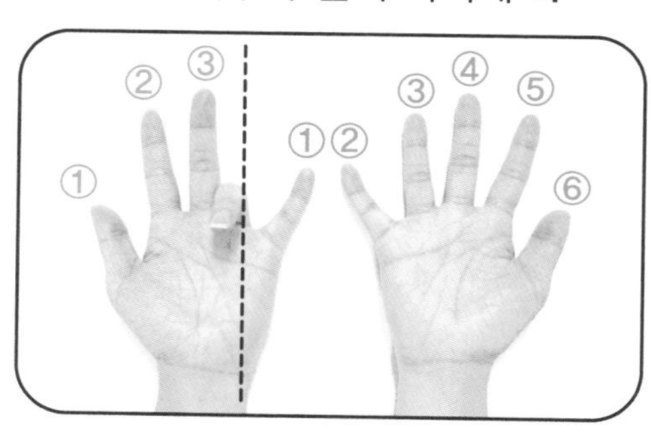

오른쪽

손가락 6개가 남아 있으므로 일의 자리는 6

더하기로 외우는 9단

9단 정답의 십의 자리와 일의 자리를 더한 값은 9가 돼요.

0+9	1+8	2+7	3+6	4+5	5+4	6+3	7+2	8+1	= 9

규칙으로 외우는 9단

9단 정답의 십의 자리는 1씩 커지고, 일의 자리는 1씩 줄어들어요.

4장

구구단 응용하기

곱셈구구표 채우기 1단계

1단부터 9단까지의 곱셈구구표를 보며 빈칸에 해당하는 수를 채워 넣어 보세요.

점선을 따라 접으면 똑같은 수끼리 만나요.

쉬움

곱하는 수

곱해지는 수

x	1	2	3	4	5	6	7	8	9
1	1	2		4	5			8	
2	2		6	8		12	14		18
3		6	9		15		21		
4	4			16		24		32	36
5		10		20	25		35		45
6	6		18			36	42		54
7		14	21		35			56	
8	8			32		48		64	
9	9		27				63		81

재미있는 응용 문제 풀기

월 일

아루루가 농구공을 세고 있어요.
아래의 농구공들을 묶으면서 다양한 곱셈식으로 세어 보세요.

- 2단을 활용해서 농구공 세어 보기

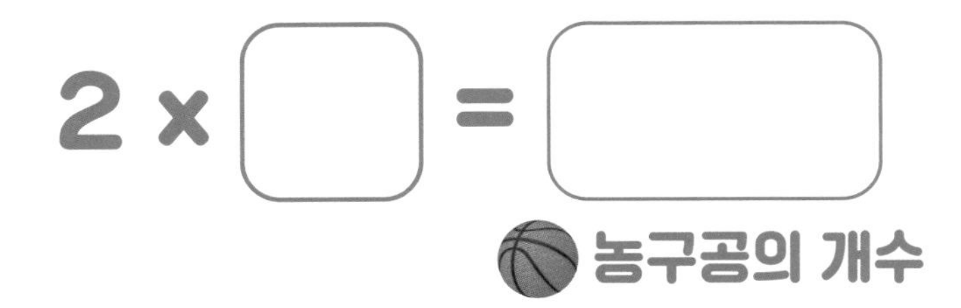

- 3단을 활용해서 농구공 세어 보기

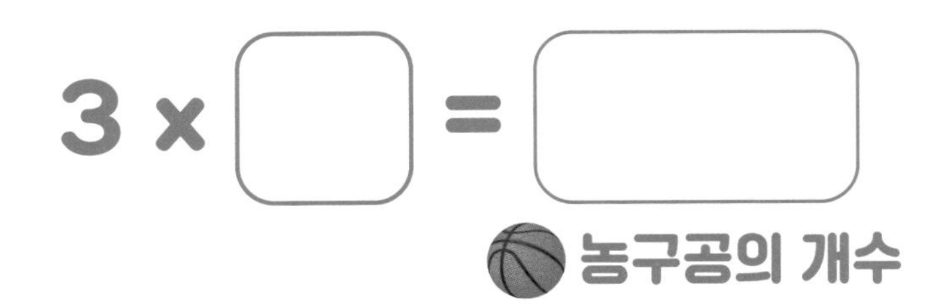

곱셈구구표 채우기 2단계

1단부터 9단까지의 곱셈구구표를 보며 빈칸에 해당하는 수를 채워 넣어 보세요.

보통 ★★

곱하는 수 / 곱해지는 수

x	1	2	3	4	5	6	7	8	9
1		2			5				
2	2			8		12			18
3		6			15		21		
4						24		32	
5				20				40	
6	6		18			36	42		54
7			21		35			56	
8	8					48		64	
9	9		27						81

재미있는 응용 문제 풀기

월 일

메이플스토리 친구들과 함께 거꾸로 구구단을 해 보세요!

(−9)

81							
	9×8	9×7	9×6	9×5	9×4	9×3	9×2

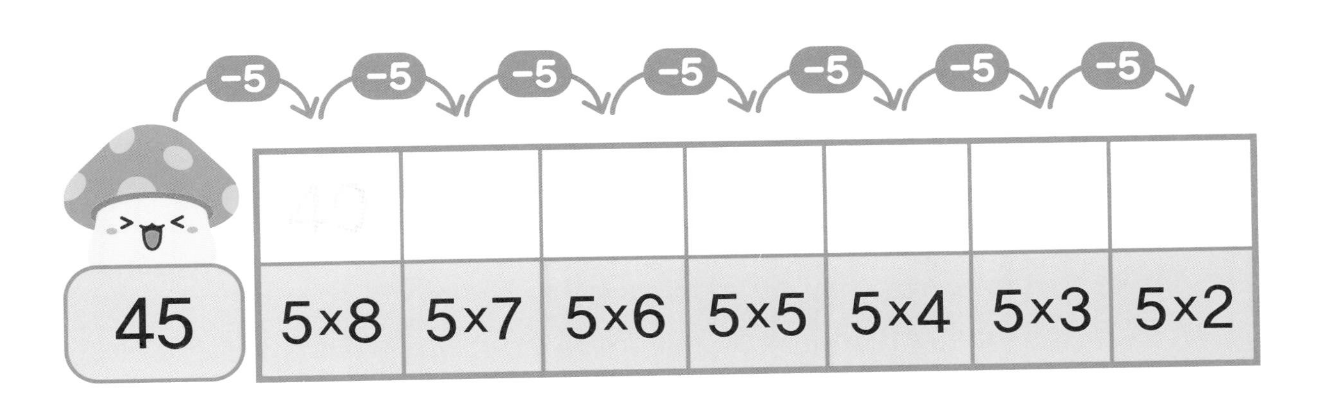

(−5)

45							
	5×8	5×7	5×6	5×5	5×4	5×3	5×2

(−3)

27							
	3×8	3×7	3×6	3×5	3×4	3×3	3×2

곱셈구구표 채우기 3단계

1단부터 9단까지의 곱셈구구표를 보며 빈칸에 해당하는 수를 채워 넣어 보세요.

어려움 ★★★

곱하는 수

곱해지는 수

x	1	2	3	4	5	6	7	8	9
1									
2									
3									
4									
5									
6									
7									
8									
9									

재미있는 응용 문제 풀기

월 일

델리키, 바우, 도도가 구구단 돌림판을 만들고 있어요.
곱셈식에 알맞는 수를 빈칸에 써넣으세요.

두뇌 UP! 응용 문제 풀기

1. 슈미가 도도, 아루루, 바우, 3명에게 선물할 간식을 포장하려고 해요. 간식을 종류별로 몇 개씩 포장해야 하는지 묶어 세기를 하며 곱셈식을 만들어 알아보세요.

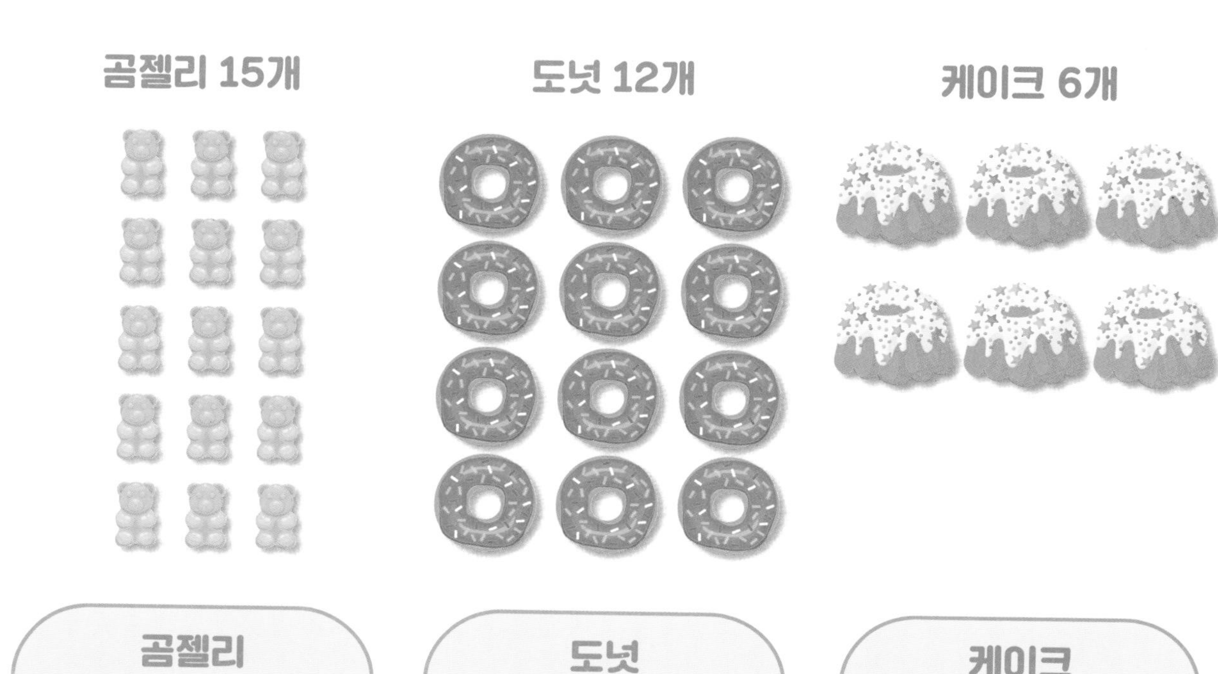

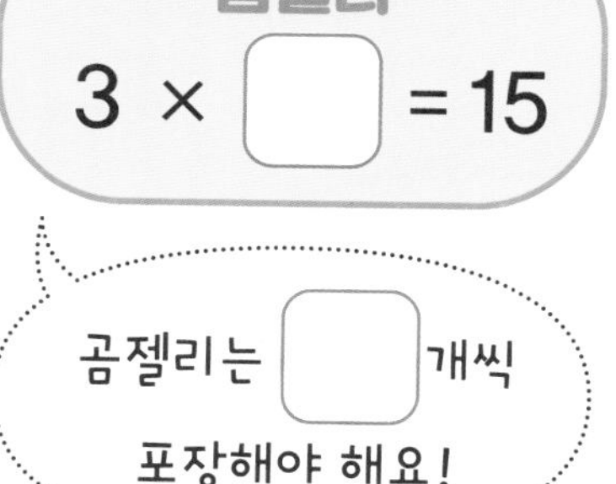

곰젤리

$3 \times \square = 15$

곰젤리는 □ 개씩 포장해야 해요!

도넛

$3 \times \square = 12$

도넛은 □ 개씩 포장해야 해요!

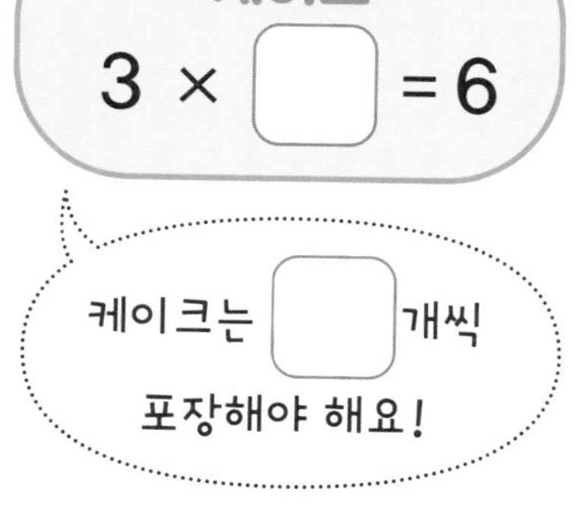

케이크

$3 \times \square = 6$

케이크는 □ 개씩 포장해야 해요!

아하!

간식을 나누는 방법으로 나눗셈을 사용할 수 있어요.
나눗셈은 똑같이 나누는 것을 말하지요. 곰젤리 15개를 3명에게 나눠 주는 것은 나눗셈식 15 ÷ 3으로도 표현할 수 있어요.

2. 아래 표를 보고 가로줄과 세로줄의 수를 곱하여 빈칸에 답을 써 보세요.

→ 가로줄, ↓ 세로줄

6	2	12
3	7	

→ 가로줄, ↓ 세로줄

4	5	
8	9	
	45	

3. 아래 그림과 예시를 보고 나만의 곱셈 문제를 만들어 보세요.

예시

문제 강아지가 5마리 있어요.
강아지의 귀는 모두 몇 개일까요?

곱셈식 5 X 2 = 10 **답** 10개

나만의 문제 만들기

문제

곱셈식 **답**

지금까지
구구단을 열심히
공부하느라
고생했어!

구구단 미니 카드

구구단 미니 카드를 잘라서 내가 잘 외웠는지 확인해 보세요!
뒷면에는 답이 적혀 있어요.

2×1	3×1	4×1	5×1
2×2	3×2	4×2	5×2
2×3	3×3	4×3	5×3
2×4	3×4	4×4	5×4
2×5	3×5	4×5	5×5
2×6	3×6	4×6	5×6
2×7	3×7	4×7	5×7
2×8	3×8	4×8	5×8
2×9	3×9	4×9	5×9

5	4	3	2
10	8	6	4
15	12	9	6
20	16	12	8
25	20	15	10
30	24	18	12
35	28	21	14
40	32	24	16
45	36	27	18

구구단 미니 카드

구구단 미니 카드를 잘라서 내가 잘 외웠는지 확인해 보세요!
뒷면에는 답이 적혀 있어요.

6 × 1	7 × 1	8 × 1	9 × 1
6 × 2	7 × 2	8 × 2	9 × 2
6 × 3	7 × 3	8 × 3	9 × 3
6 × 4	7 × 4	8 × 4	9 × 4
6 × 5	7 × 5	8 × 5	9 × 5
6 × 6	7 × 6	8 × 6	9 × 6
6 × 7	7 × 7	8 × 7	9 × 7
6 × 8	7 × 8	8 × 8	9 × 8
6 × 9	7 × 9	8 × 9	9 × 9

9	8	7	6
18	16	14	12
27	24	21	18
36	32	28	24
45	40	35	30
54	48	42	36
63	56	49	42
72	64	56	48
81	72	63	54

곱셈구구표

곱셈구구표를 잘라서 잘 보이는 곳에 붙여 놓아요.

2단	3단	4단	5단
2 × 1 = 2	3 × 1 = 3	4 × 1 = 4	5 × 1 = 5
2 × 2 = 4	3 × 2 = 6	4 × 2 = 8	5 × 2 = 10
2 × 3 = 6	3 × 3 = 9	4 × 3 = 12	5 × 3 = 15
2 × 4 = 8	3 × 4 = 12	4 × 4 = 16	5 × 4 = 20
2 × 5 = 10	3 × 5 = 15	4 × 5 = 20	5 × 5 = 25
2 × 6 = 12	3 × 6 = 18	4 × 6 = 24	5 × 6 = 30
2 × 7 = 14	3 × 7 = 21	4 × 7 = 28	5 × 7 = 35
2 × 8 = 16	3 × 8 = 24	4 × 8 = 32	5 × 8 = 40
2 × 9 = 18	3 × 9 = 27	4 × 9 = 36	5 × 9 = 45

6단	7단	8단	9단
6 × 1 = 6	7 × 1 = 7	8 × 1 = 8	9 × 1 = 9
6 × 2 = 12	7 × 2 = 14	8 × 2 = 16	9 × 2 = 18
6 × 3 = 18	7 × 3 = 21	8 × 3 = 24	9 × 3 = 27
6 × 4 = 24	7 × 4 = 28	8 × 4 = 32	9 × 4 = 36
6 × 5 = 30	7 × 5 = 35	8 × 5 = 40	9 × 5 = 45
6 × 6 = 36	7 × 6 = 42	8 × 6 = 48	9 × 6 = 54
6 × 7 = 42	7 × 7 = 49	8 × 7 = 56	9 × 7 = 63
6 × 8 = 48	7 × 8 = 56	8 × 8 = 64	9 × 8 = 72
6 × 9 = 54	7 × 9 = 63	8 × 9 = 72	9 × 9 = 81

정답

8-9쪽

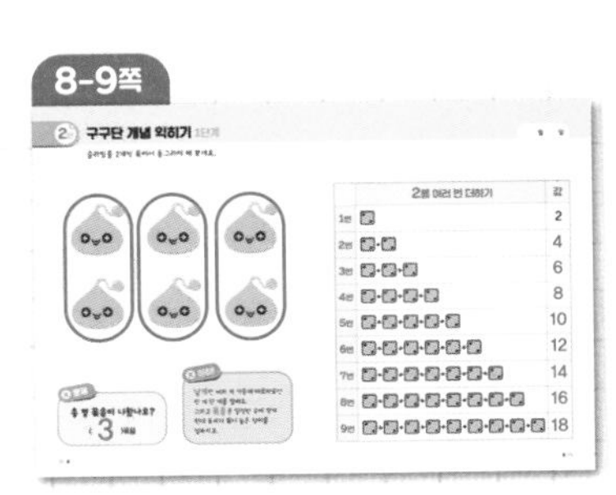

구구단 개념 익히기

2를 여러 번 더하기	값
1번	2
2번	4
3번	6
4번	8
5번	10
6번	12
7번	14
8번	16
9번	18

3

10-11쪽

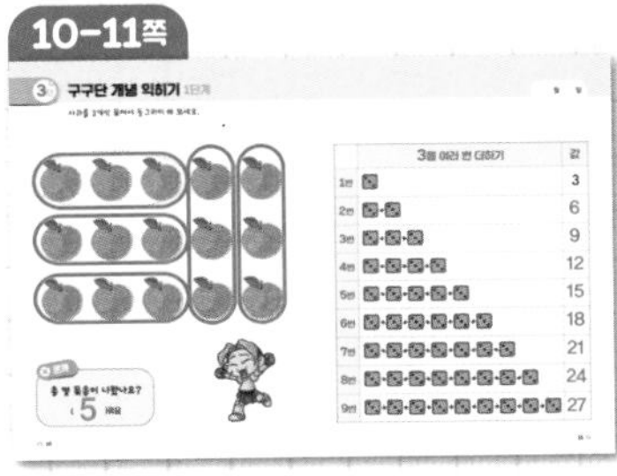

구구단 개념 익히기

3을 여러 번 더하기	값
1번	3
2번	6
3번	9
4번	12
5번	15
6번	18
7번	21
8번	24
9번	27

5

12-13쪽

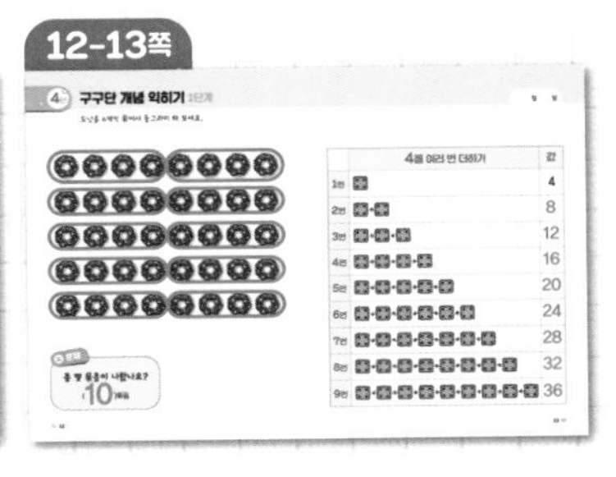

구구단 개념 익히기

4를 여러 번 더하기	값
1번	4
2번	8
3번	12
4번	16
5번	20
6번	24
7번	28
8번	32
9번	36

10

14-15쪽

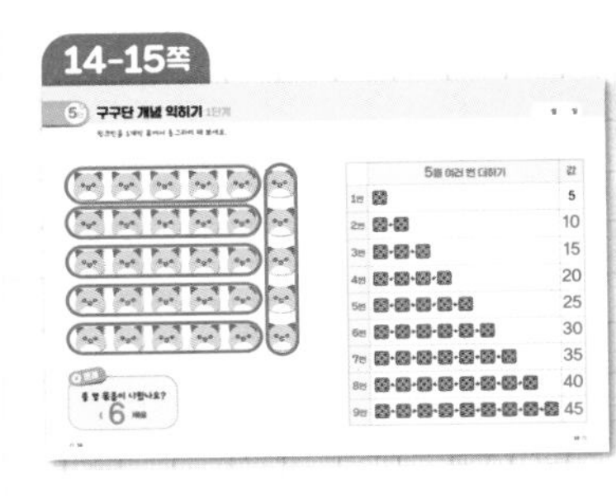

구구단 개념 익히기

5를 여러 번 더하기	값
1번	5
2번	10
3번	15
4번	20
5번	25
6번	30
7번	35
8번	40
9번	45

6

16-17쪽

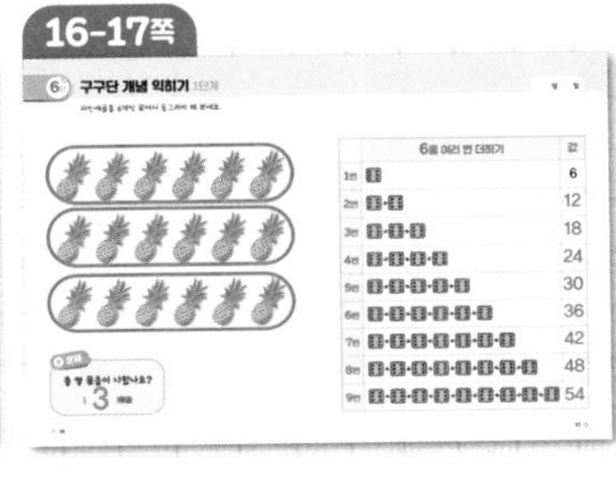

구구단 개념 익히기

6을 여러 번 더하기	값
1번	6
2번	12
3번	18
4번	24
5번	30
6번	36
7번	42
8번	48
9번	54

3

18-19쪽

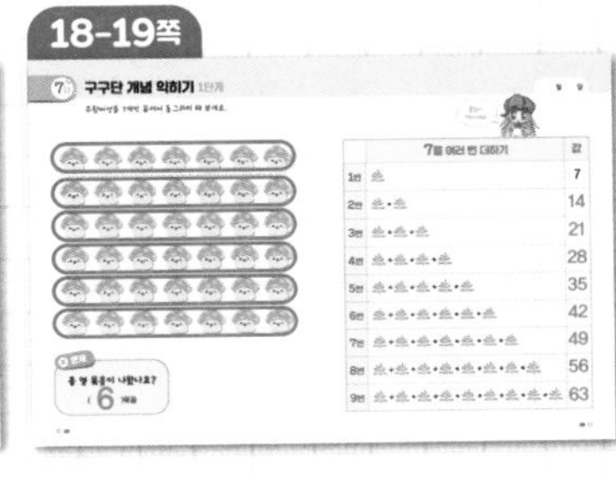

구구단 개념 익히기

7을 여러 번 더하기	값
1번	7
2번	14
3번	21
4번	28
5번	35
6번	42
7번	49
8번	56
9번	63

6

20-21쪽

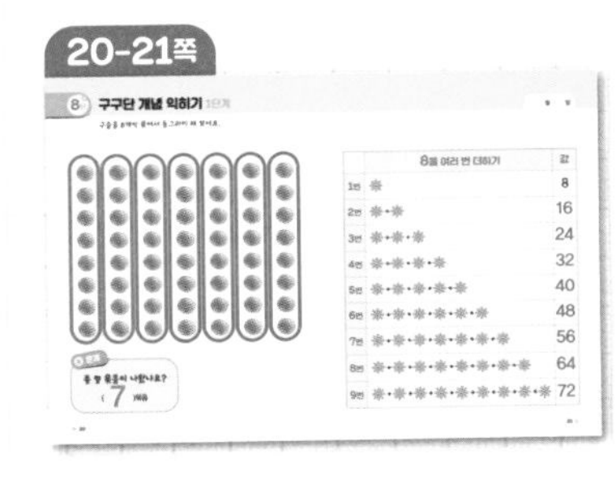

구구단 개념 익히기

8을 여러 번 더하기	값
1번	8
2번	16
3번	24
4번	32
5번	40
6번	48
7번	56
8번	64
9번	72

7

22-23쪽

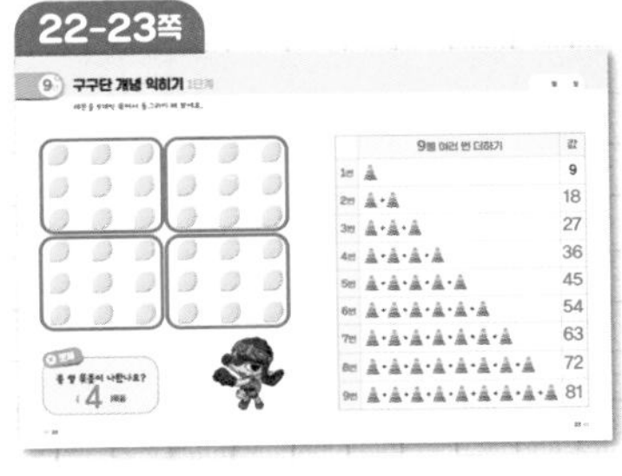

구구단 개념 익히기

9를 여러 번 더하기	값
1번	9
2번	18
3번	27
4번	36
5번	45
6번	54
7번	63
8번	72
9번	81

4

24-25쪽

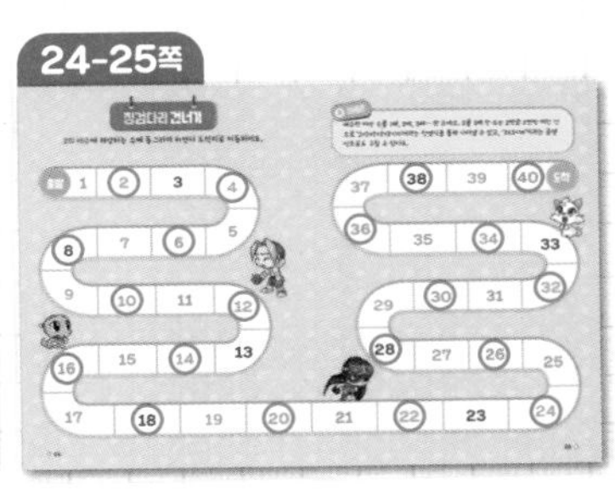

징검다리 건너기

26-27쪽

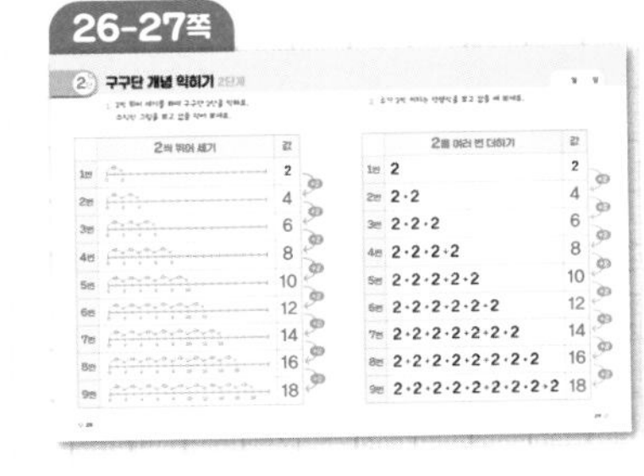

구구단 개념 익히기

2씩 뛰어 세기	값
1번	2
2번	4
3번	6
4번	8
5번	10
6번	12
7번	14
8번	16
9번	18

2를 여러 번 더하기	값
1번 2	2
2번 2+2	4
3번 2+2+2	6
4번 2+2+2+2	8
5번 2+2+2+2+2	10
6번 2+2+2+2+2+2	12
7번 2+2+2+2+2+2+2	14
8번 2+2+2+2+2+2+2+2	16
9번 2+2+2+2+2+2+2+2+2	18

28-29쪽

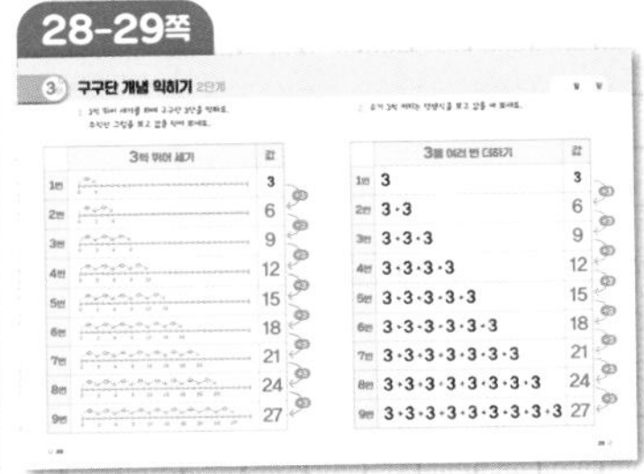

구구단 개념 익히기

3씩 뛰어 세기	값
1번	3
2번	6
3번	9
4번	12
5번	15
6번	18
7번	21
8번	24
9번	27

3을 여러 번 더하기	값
1번 3	3
2번 3+3	6
3번 3+3+3	9
4번 3+3+3+3	12
5번 3+3+3+3+3	15
6번 3+3+3+3+3+3	18
7번 3+3+3+3+3+3+3	21
8번 3+3+3+3+3+3+3+3	24
9번 3+3+3+3+3+3+3+3+3	27

30-31쪽

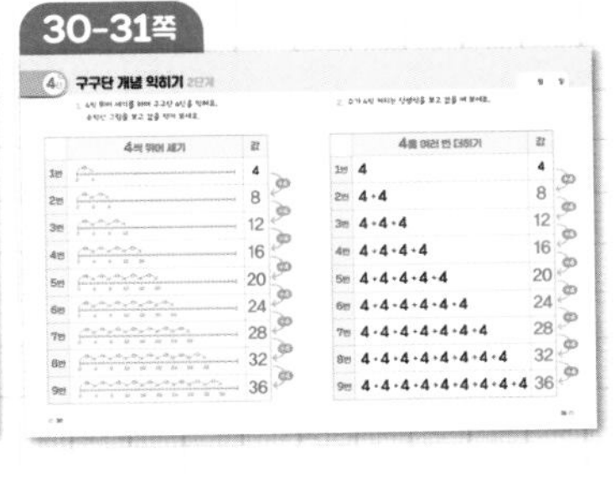

구구단 개념 익히기

4씩 뛰어 세기	값
1번	4
2번	8
3번	12
4번	16
5번	20
6번	24
7번	28
8번	32
9번	36

4를 여러 번 더하기	값
1번 4	4
2번 4+4	8
3번 4+4+4	12
4번 4+4+4+4	16
5번 4+4+4+4+4	20
6번 4+4+4+4+4+4	24
7번 4+4+4+4+4+4+4	28
8번 4+4+4+4+4+4+4+4	32
9번 4+4+4+4+4+4+4+4+4	36

32-33쪽

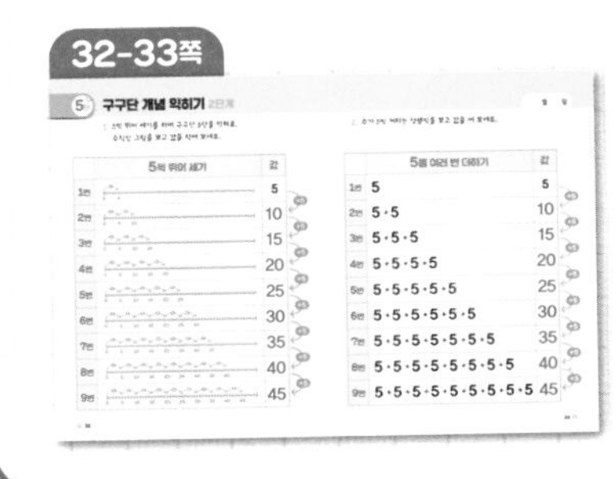

구구단 개념 익히기

5씩 뛰어 세기	값
1번	5
2번	10
3번	15
4번	20
5번	25
6번	30
7번	35
8번	40
9번	45

5를 여러 번 더하기	값
1번 5	5
2번 5+5	10
3번 5+5+5	15
4번 5+5+5+5	20
5번 5+5+5+5+5	25
6번 5+5+5+5+5+5	30
7번 5+5+5+5+5+5+5	35
8번 5+5+5+5+5+5+5+5	40
9번 5+5+5+5+5+5+5+5+5	45

34-35쪽

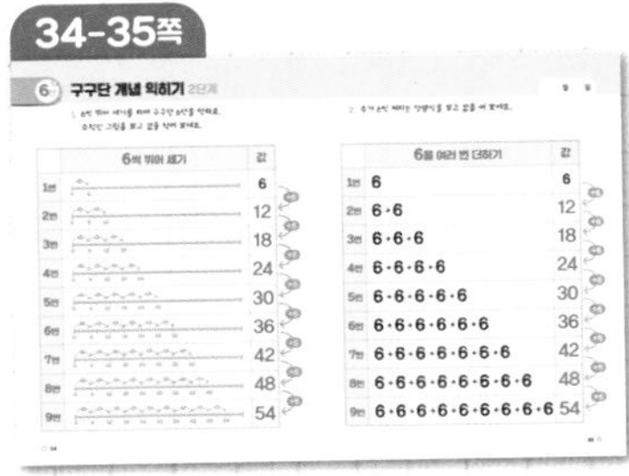

구구단 개념 익히기

6씩 뛰어 세기	값
1번	6
2번	12
3번	18
4번	24
5번	30
6번	36
7번	42
8번	48
9번	54

6을 여러 번 더하기	값
1번 6	6
2번 6+6	12
3번 6+6+6	18
4번 6+6+6+6	24
5번 6+6+6+6+6	30
6번 6+6+6+6+6+6	36
7번 6+6+6+6+6+6+6	42
8번 6+6+6+6+6+6+6+6	48
9번 6+6+6+6+6+6+6+6+6	54

36-37쪽

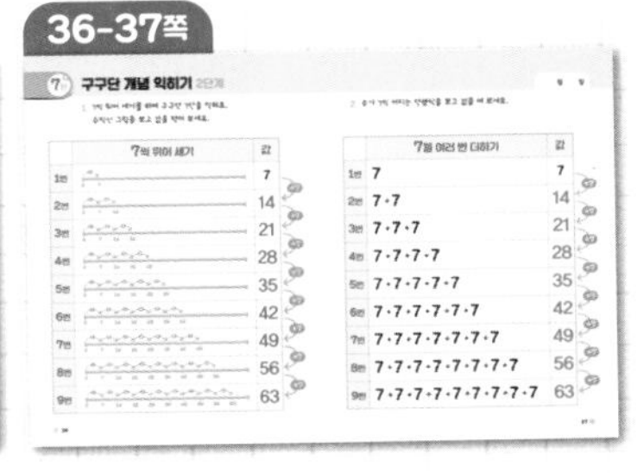

구구단 개념 익히기

7씩 뛰어 세기	값
1번	7
2번	14
3번	21
4번	28
5번	35
6번	42
7번	49
8번	56
9번	63

7을 여러 번 더하기	값
1번 7	7
2번 7+7	14
3번 7+7+7	21
4번 7+7+7+7	28
5번 7+7+7+7+7	35
6번 7+7+7+7+7+7	42
7번 7+7+7+7+7+7+7	49
8번 7+7+7+7+7+7+7+7	56
9번 7+7+7+7+7+7+7+7+7	63

정답

38-39쪽

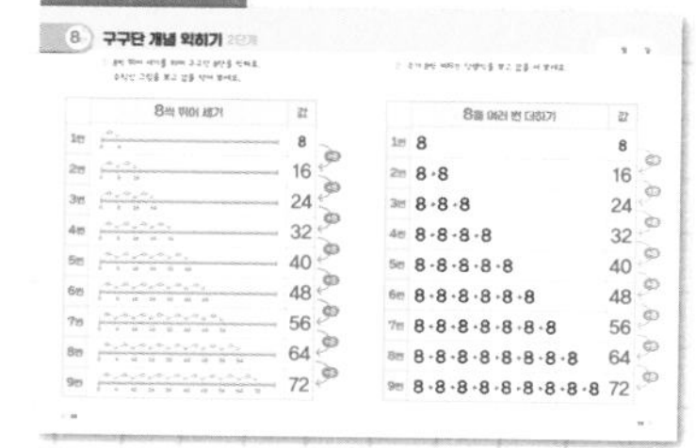

8 구구단 개념 익히기

	8의 뛰어 세기	값
1번		8
2번		16
3번		24
4번		32
5번		40
6번		48
7번		56
8번		64
9번		72

	8을 여러 번 더하기	값
1번	8	8
2번	8+8	16
3번	8+8+8	24
4번	8+8+8+8	32
5번	8+8+8+8+8	40
6번	8+8+8+8+8+8	48
7번	8+8+8+8+8+8+8	56
8번	8+8+8+8+8+8+8+8	64
9번	8+8+8+8+8+8+8+8+8	72

40-41쪽

9 구구단 개념 익히기

	9의 뛰어 세기	값
1번		9
2번		18
3번		27
4번		36
5번		45
6번		54
7번		63
8번		72
9번		81

	9를 여러 번 더하기	값
1번	9	9
2번	9+9	18
3번	9+9+9	27
4번	9+9+9+9	36
5번	9+9+9+9+9	45
6번	9+9+9+9+9+9	54
7번	9+9+9+9+9+9+9	63
8번	9+9+9+9+9+9+9+9	72
9번	9+9+9+9+9+9+9+9+9	81

42-43쪽

46-47쪽

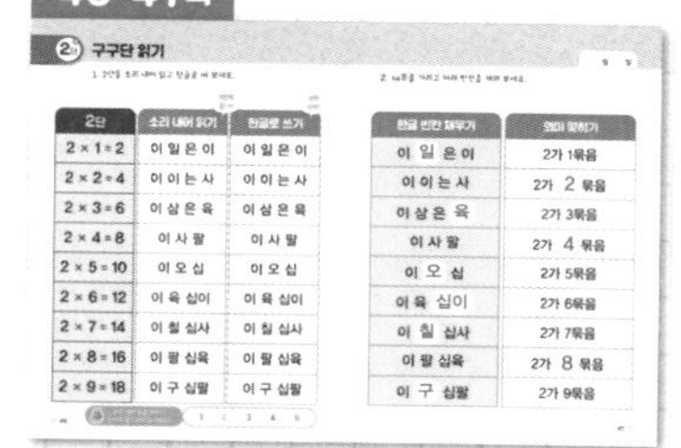

2단 구구단 읽기

2단	소리 내어 읽기	한글로 쓰기	한글 빈칸 채우기	의미 알하기
2×1=2	이 일은 이	이 일 은 이	이 일 은 이	2가 1묶음
2×2=4	이 이는 사	이 이 는 사	이 이 는 사	2가 2 묶음
2×3=6	이 삼은 육	이 삼 은 육	이 삼 은 육	2가 3묶음
2×4=8	이 사 팔	이 사 팔	이 사 팔	2가 4 묶음
2×5=10	이 오 십	이 오 십	이 오 십	2가 5묶음
2×6=12	이 육 십이	이 육 십이	이 육 십이	2가 6묶음
2×7=14	이 칠 십사	이 칠 십사	이 칠 십사	2가 7묶음
2×8=16	이 팔 십육	이 팔 십육	이 팔 십육	2가 8 묶음
2×9=18	이 구 십팔	이 구 십팔	이 구 십팔	2가 9묶음

48-49쪽

3단 구구단 읽기

3단	소리 내어 읽기	한글로 쓰기	한글 빈칸 채우기	의미 알하기
3×1=3	삼 일은 삼	삼 일 은 삼	삼 일 은 삼	3이 1묶음
3×2=6	삼 이 육	삼 이 육	삼 이 육	3이 2묶음
3×3=9	삼 삼은 구	삼 삼 은 구	삼 삼 은 구	3이 3 묶음
3×4=12	삼 사 십이	삼 사 십이	삼 사 십이	3이 4묶음
3×5=15	삼 오 십오	삼 오 십오	삼 오 십오	3이 5 묶음
3×6=18	삼 육 십팔	삼 육 십팔	삼 육 십팔	3이 6 묶음
3×7=21	삼 칠 이십일	삼 칠 이십일	삼 칠 이십일	3이 7묶음
3×8=24	삼 팔 이십사	삼 팔 이십사	삼 팔 이십사	3이 8묶음
3×9=27	삼 구 이십칠	삼 구 이십칠	삼 구 이십칠	3이 9 묶음

50-51쪽

4단 구구단 읽기

4단	소리 내어 읽기	한글로 쓰기	한글 빈칸 채우기	의미 알하기
4×1=4	사 일은 사	사 일 은 사	사 일 은 사	4가 1묶음
4×2=8	사 이 팔	사 이 팔	사 이 팔	4가 2 묶음
4×3=12	사 삼 십이	사 삼 십이	사 삼 십이	4가 3묶음
4×4=16	사 사 십육	사 사 십육	사 사 십육	4가 4묶음
4×5=20	사 오 이십	사 오 이십	사 오 이십	4가 5묶음
4×6=24	사 육 이십사	사 육 이십사	사 육 이십사	4가 6묶음
4×7=28	사 칠 이십팔	사 칠 이십팔	사 칠 이십팔	4가 7 묶음
4×8=32	사 팔 삼십이	사 팔 삼십이	사 팔 삼십이	4가 8묶음
4×9=36	사 구 삼십육	사 구 삼십육	사 구 삼십육	4가 9묶음

52-53쪽

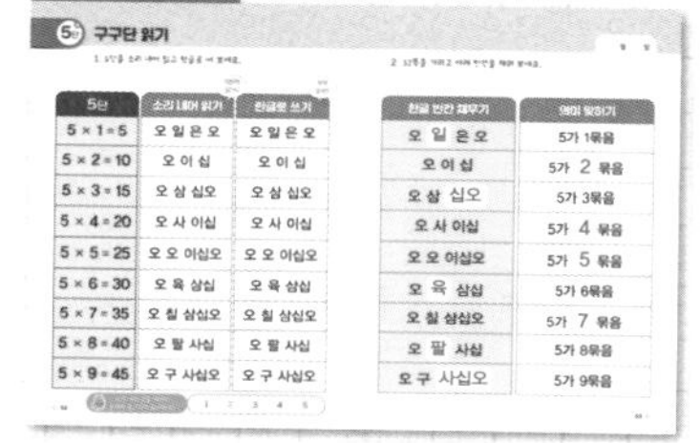

5단 구구단 읽기

5단	소리 내어 읽기	한글로 쓰기	한글 빈칸 채우기	의미 알하기
5×1=5	오 일은 오	오 일 은 오	오 일 은 오	5가 1묶음
5×2=10	오 이 십	오 이 십	오 이 십	5가 2 묶음
5×3=15	오 삼 십오	오 삼 십오	오 삼 십오	5가 3묶음
5×4=20	오 사 이십	오 사 이십	오 사 이십	5가 4 묶음
5×5=25	오 오 이십오	오 오 이십오	오 오 이십오	5가 5 묶음
5×6=30	오 육 삼십	오 육 삼십	오 육 삼십	5가 6묶음
5×7=35	오 칠 삼십오	오 칠 삼십오	오 칠 삼십오	5가 7 묶음
5×8=40	오 팔 사십	오 팔 사십	오 팔 사십	5가 8묶음
5×9=45	오 구 사십오	오 구 사십오	오 구 사십오	5가 9묶음

54-55쪽

6단 구구단 읽기

6단	소리 내어 읽기	한글로 쓰기	한글 빈칸 채우기	의미 알하기
6×1=6	육 일은 육	육 일 은 육	육 일 은 육	6이 1 묶음
6×2=12	육 이 십이	육 이 십이	육 이 십이	6이 2묶음
6×3=18	육 삼 십팔	육 삼 십팔	육 삼 십팔	6이 3묶음
6×4=24	육 사 이십사	육 사 이십사	육 사 이십사	6이 4 묶음
6×5=30	육 오 삼십	육 오 삼십	육 오 삼십	6이 5 묶음
6×6=36	육 육 삼십육	육 육 삼십육	육 육 삼십육	6이 6묶음
6×7=42	육 칠 사십이	육 칠 사십이	육 칠 사십이	6이 7묶음
6×8=48	육 팔 사십팔	육 팔 사십팔	육 팔 사십팔	6이 8묶음
6×9=54	육 구 오십사	육 구 오십사	육 구 오십사	6이 9 묶음

56-57쪽

7단 구구단 읽기

7단	소리 내어 읽기	한글로 쓰기	한글 빈칸 채우기	의미 알하기
7×1=7	칠 일은 칠	칠 일 은 칠	칠 일 은 칠	7이 1 묶음
7×2=14	칠 이 십사	칠 이 십사	칠 이 십사	7이 2묶음
7×3=21	칠 삼 이십일	칠 삼 이십일	칠 삼 이십일	7이 3묶음
7×4=28	칠 사 이십팔	칠 사 이십팔	칠 사 이십팔	7이 4 묶음
7×5=35	칠 오 삼십오	칠 오 삼십오	칠 오 삼십오	7이 5 묶음
7×6=42	칠 육 사십이	칠 육 사십이	칠 육 사십이	7이 6묶음
7×7=49	칠 칠 사십구	칠 칠 사십구	칠 칠 사십구	7이 7 묶음
7×8=56	칠 팔 오십육	칠 팔 오십육	칠 팔 오십육	7이 8묶음
7×9=63	칠 구 육십삼	칠 구 육십삼	칠 구 육십삼	7이 9 묶음

58-59쪽

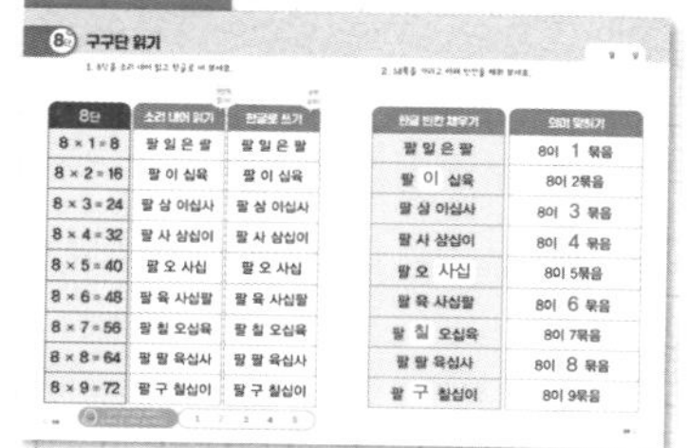

8단 구구단 읽기

8단	소리 내어 읽기	한글로 쓰기	한글 빈칸 채우기	의미 알하기
8×1=8	팔 일은 팔	팔 일 은 팔	팔 일 은 팔	8이 1 묶음
8×2=16	팔 이 십육	팔 이 십육	팔 이 십육	8이 2묶음
8×3=24	팔 삼 이십사	팔 삼 이십사	팔 삼 이십사	8이 3 묶음
8×4=32	팔 사 삼십이	팔 사 삼십이	팔 사 삼십이	8이 4 묶음
8×5=40	팔 오 사십	팔 오 사십	팔 오 사십	8이 5묶음
8×6=48	팔 육 사십팔	팔 육 사십팔	팔 육 사십팔	8이 6 묶음
8×7=56	팔 칠 오십육	팔 칠 오십육	팔 칠 오십육	8이 7묶음
8×8=64	팔 팔 육십사	팔 팔 육십사	팔 팔 육십사	8이 8 묶음
8×9=72	팔 구 칠십이	팔 구 칠십이	팔 구 칠십이	8이 9묶음

60-61쪽

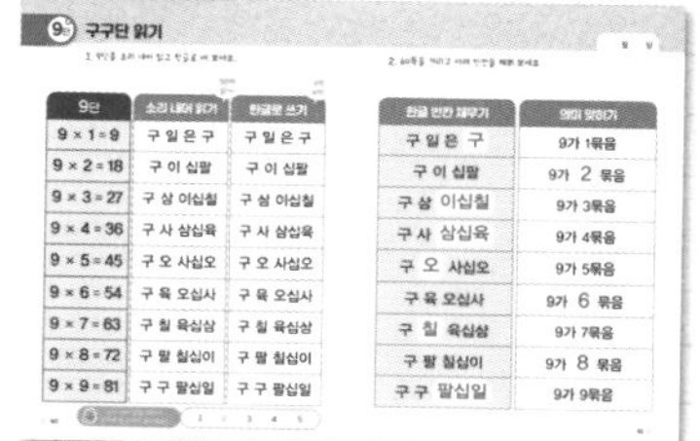

9단 구구단 읽기

9단	소리 내어 읽기	한글로 쓰기	한글 빈칸 채우기	의미 알하기
9×1=9	구 일은 구	구 일 은 구	구 일 은 구	9가 1묶음
9×2=18	구 이 십팔	구 이 십팔	구 이 십팔	9가 2 묶음
9×3=27	구 삼 이십칠	구 삼 이십칠	구 삼 이십칠	9가 3묶음
9×4=36	구 사 삼십육	구 사 삼십육	구 사 삼십육	9가 4묶음
9×5=45	구 오 사십오	구 오 사십오	구 오 사십오	9가 5묶음
9×6=54	구 육 오십사	구 육 오십사	구 육 오십사	9가 6 묶음
9×7=63	구 칠 육십삼	구 칠 육십삼	구 칠 육십삼	9가 7묶음
9×8=72	구 팔 칠십이	구 팔 칠십이	구 팔 칠십이	9가 8 묶음
9×9=81	구 구 팔십일	구 구 팔십일	구 구 팔십일	9가 9묶음

62-63쪽

64-65쪽

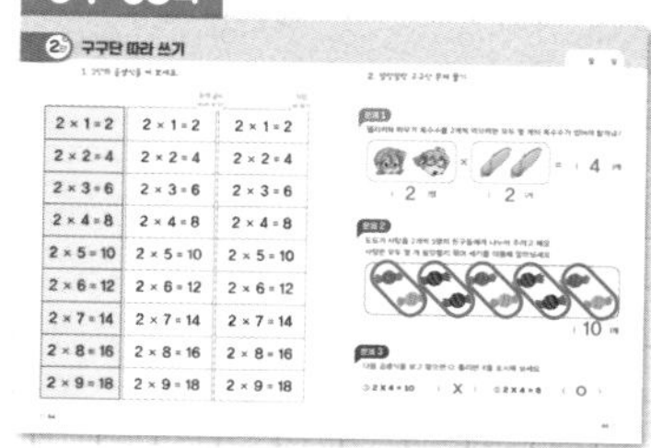

2단 구구단 따라 쓰기

2×1=2	2×1=2	2×1=2
2×2=4	2×2=4	2×2=4
2×3=6	2×3=6	2×3=6
2×4=8	2×4=8	2×4=8
2×5=10	2×5=10	2×5=10
2×6=12	2×6=12	2×6=12
2×7=14	2×7=14	2×7=14
2×8=16	2×8=16	2×8=16
2×9=18	2×9=18	2×9=18

2 × 2 = 4

10

X O

66-67쪽

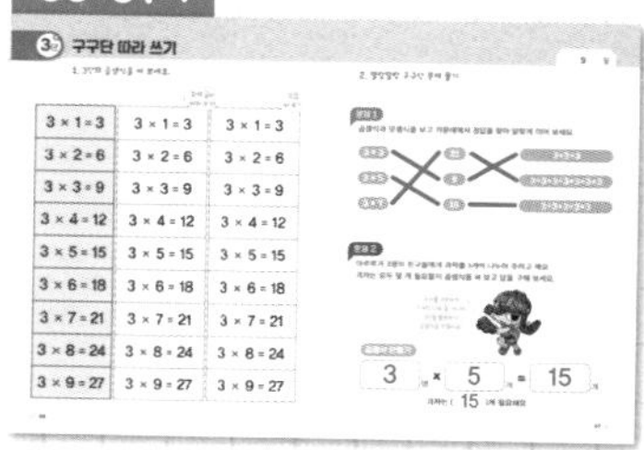

3단 구구단 따라 쓰기

3×1=3	3×1=3	3×1=3
3×2=6	3×2=6	3×2=6
3×3=9	3×3=9	3×3=9
3×4=12	3×4=12	3×4=12
3×5=15	3×5=15	3×5=15
3×6=18	3×6=18	3×6=18
3×7=21	3×7=21	3×7=21
3×8=24	3×8=24	3×8=24
3×9=27	3×9=27	3×9=27

3 × 5 = 15

15

68-69쪽

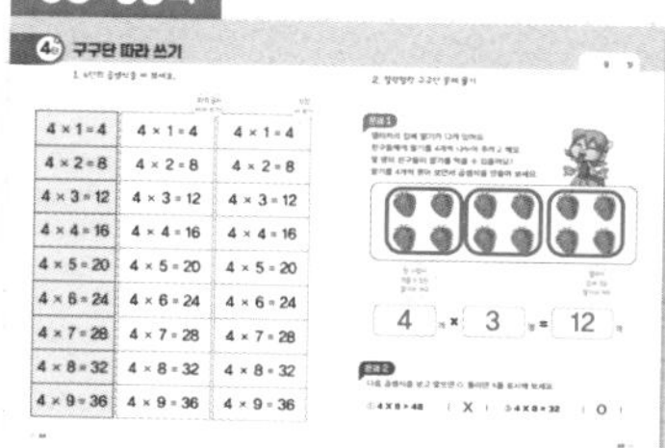

4단 구구단 따라 쓰기

4×1=4	4×1=4	4×1=4
4×2=8	4×2=8	4×2=8
4×3=12	4×3=12	4×3=12
4×4=16	4×4=16	4×4=16
4×5=20	4×5=20	4×5=20
4×6=24	4×6=24	4×6=24
4×7=28	4×7=28	4×7=28
4×8=32	4×8=32	4×8=32
4×9=36	4×9=36	4×9=36

4 × 3 = 12

X O

정답

70-71쪽

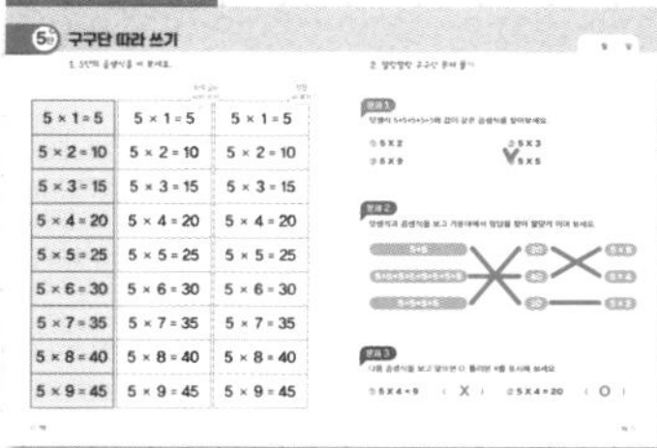

5단 구구단 따라 쓰기

5 × 1 = 5	5 × 1 = 5	5 × 1 = 5
5 × 2 = 10	5 × 2 = 10	5 × 2 = 10
5 × 3 = 15	5 × 3 = 15	5 × 3 = 15
5 × 4 = 20	5 × 4 = 20	5 × 4 = 20
5 × 5 = 25	5 × 5 = 25	5 × 5 = 25
5 × 6 = 30	5 × 6 = 30	5 × 6 = 30
5 × 7 = 35	5 × 7 = 35	5 × 7 = 35
5 × 8 = 40	5 × 8 = 40	5 × 8 = 40
5 × 9 = 45	5 × 9 = 45	5 × 9 = 45

72-73쪽

6단 구구단 따라 쓰기

6 × 1 = 6	6 × 1 = 6	6 × 1 = 6
6 × 2 = 12	6 × 2 = 12	6 × 2 = 12
6 × 3 = 18	6 × 3 = 18	6 × 3 = 18
6 × 4 = 24	6 × 4 = 24	6 × 4 = 24
6 × 5 = 30	6 × 5 = 30	6 × 5 = 30
6 × 6 = 36	6 × 6 = 36	6 × 6 = 36
6 × 7 = 42	6 × 7 = 42	6 × 7 = 42
6 × 8 = 48	6 × 8 = 48	6 × 8 = 48
6 × 9 = 54	6 × 9 = 54	6 × 9 = 54

6 × 3 = 18

74-75쪽

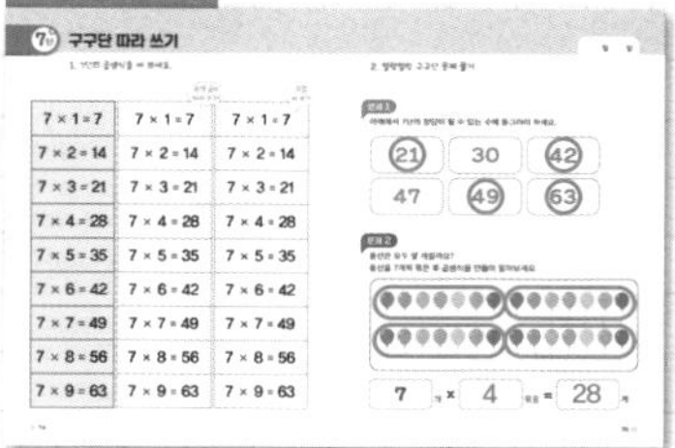

7단 구구단 따라 쓰기

7 × 1 = 7	7 × 1 = 7	7 × 1 = 7
7 × 2 = 14	7 × 2 = 14	7 × 2 = 14
7 × 3 = 21	7 × 3 = 21	7 × 3 = 21
7 × 4 = 28	7 × 4 = 28	7 × 4 = 28
7 × 5 = 35	7 × 5 = 35	7 × 5 = 35
7 × 6 = 42	7 × 6 = 42	7 × 6 = 42
7 × 7 = 49	7 × 7 = 49	7 × 7 = 49
7 × 8 = 56	7 × 8 = 56	7 × 8 = 56
7 × 9 = 63	7 × 9 = 63	7 × 9 = 63

21 30 42 47 49 63

7 × 4 = 28

76-77쪽

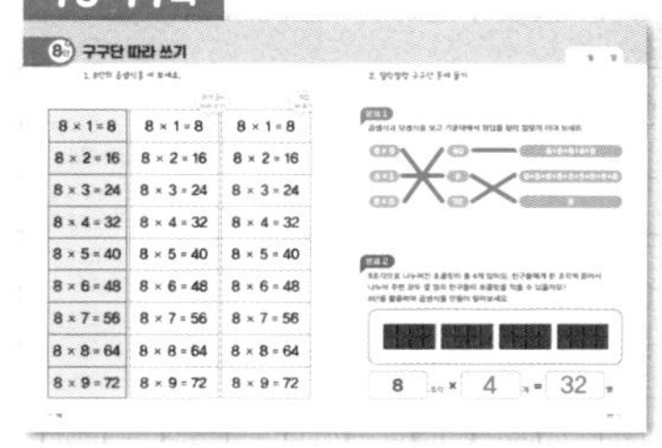

8단 구구단 따라 쓰기

8 × 1 = 8	8 × 1 = 8	8 × 1 = 8
8 × 2 = 16	8 × 2 = 16	8 × 2 = 16
8 × 3 = 24	8 × 3 = 24	8 × 3 = 24
8 × 4 = 32	8 × 4 = 32	8 × 4 = 32
8 × 5 = 40	8 × 5 = 40	8 × 5 = 40
8 × 6 = 48	8 × 6 = 48	8 × 6 = 48
8 × 7 = 56	8 × 7 = 56	8 × 7 = 56
8 × 8 = 64	8 × 8 = 64	8 × 8 = 64
8 × 9 = 72	8 × 9 = 72	8 × 9 = 72

8 × 4 = 32

78-79쪽

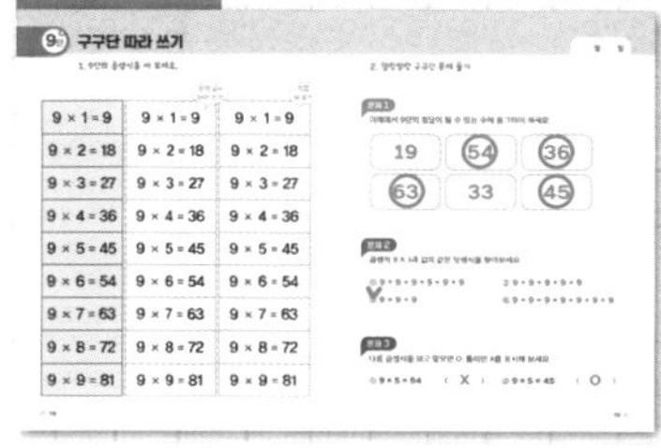

9단 구구단 따라 쓰기

9 × 1 = 9	9 × 1 = 9	9 × 1 = 9
9 × 2 = 18	9 × 2 = 18	9 × 2 = 18
9 × 3 = 27	9 × 3 = 27	9 × 3 = 27
9 × 4 = 36	9 × 4 = 36	9 × 4 = 36
9 × 5 = 45	9 × 5 = 45	9 × 5 = 45
9 × 6 = 54	9 × 6 = 54	9 × 6 = 54
9 × 7 = 63	9 × 7 = 63	9 × 7 = 63
9 × 8 = 72	9 × 8 = 72	9 × 8 = 72
9 × 9 = 81	9 × 9 = 81	9 × 9 = 81

19 54 36 63 33 45

80-81쪽

84-85쪽

2단 도전! 짝수 구구단

배수 알아보기	곱셈식 만들기
2의 1배는 2	2 × 1 = 2
2의 2배는 4	2 × 2 = 4
2의 3배는 6	2 × 3 = 6
2의 4배는 8	2 × 4 = 8
2의 5배는 10	2 × 5 = 10
2의 6배는 12	2 × 6 = 12
2의 7배는 14	2 × 7 = 14
2의 8배는 16	2 × 8 = 16
2의 9배는 18	2 × 9 = 18

쉬움	보통	어려움
2 × 1 = 2	2 × 9 = 18	2 × 2 = 4
2 × 2 = 4	2 × 8 = 16	2 × 4 = 8
2 × 3 = 6	2 × 7 = 14	2 × 6 = 12
2 × 4 = 8	2 × 6 = 12	2 × 1 = 2
2 × 5 = 10	2 × 5 = 10	2 × 7 = 14
2 × 6 = 12	2 × 4 = 8	2 × 8 = 16
2 × 7 = 14	2 × 3 = 6	2 × 3 = 6
2 × 8 = 16	2 × 2 = 4	2 × 9 = 18
2 × 9 = 18	2 × 1 = 2	2 × 5 = 10

86-87쪽

4단 도전! 짝수 구구단

배수 알아보기	곱셈식 만들기
4의 1배는 4	4 × 1 = 4
4의 2배는 8	4 × 2 = 8
4의 3배는 12	4 × 3 = 12
4의 4배는 16	4 × 4 = 16
4의 5배는 20	4 × 5 = 20
4의 6배는 24	4 × 6 = 24
4의 7배는 28	4 × 7 = 28
4의 8배는 32	4 × 8 = 32
4의 9배는 36	4 × 9 = 36

쉬움	보통	어려움
4 × 1 = 4	4 × 9 = 36	4 × 4 = 16
4 × 2 = 8	4 × 8 = 32	4 × 7 = 28
4 × 3 = 12	4 × 7 = 28	4 × 9 = 36
4 × 4 = 16	4 × 6 = 24	4 × 6 = 24
4 × 5 = 20	4 × 5 = 20	4 × 1 = 4
4 × 6 = 24	4 × 4 = 16	4 × 2 = 8
4 × 7 = 28	4 × 3 = 12	4 × 8 = 32
4 × 8 = 32	4 × 2 = 8	4 × 5 = 20
4 × 9 = 36	4 × 1 = 4	4 × 3 = 12

88-89쪽

6단 도전! 짝수 구구단

배수 알아보기	곱셈식 만들기
6의 1배는 6	6 × 1 = 6
6의 2배는 12	6 × 2 = 12
6의 3배는 18	6 × 3 = 18
6의 4배는 24	6 × 4 = 24
6의 5배는 30	6 × 5 = 30
6의 6배는 36	6 × 6 = 36
6의 7배는 42	6 × 7 = 42
6의 8배는 48	6 × 8 = 48
6의 9배는 54	6 × 9 = 54

쉬움	보통	어려움
6 × 1 = 6	6 × 9 = 54	6 × 1 = 6
6 × 2 = 12	6 × 8 = 48	6 × 5 = 30
6 × 3 = 18	6 × 7 = 42	6 × 9 = 54
6 × 4 = 24	6 × 6 = 36	6 × 2 = 12
6 × 5 = 30	6 × 5 = 30	6 × 3 = 18
6 × 6 = 36	6 × 4 = 24	6 × 4 = 24
6 × 7 = 42	6 × 3 = 18	6 × 7 = 42
6 × 8 = 48	6 × 2 = 12	6 × 8 = 48
6 × 9 = 54	6 × 1 = 6	6 × 6 = 36

90-91쪽

8단 도전! 짝수 구구단

배수 알아보기	곱셈식 만들기
8의 1배는 8	8 × 1 = 8
8의 2배는 16	8 × 2 = 16
8의 3배는 24	8 × 3 = 24
8의 4배는 32	8 × 4 = 32
8의 5배는 40	8 × 5 = 40
8의 6배는 48	8 × 6 = 48
8의 7배는 56	8 × 7 = 56
8의 8배는 64	8 × 8 = 64
8의 9배는 72	8 × 9 = 72

쉬움	보통	어려움
8 × 1 = 8	8 × 9 = 72	8 × 5 = 40
8 × 2 = 16	8 × 8 = 64	8 × 1 = 8
8 × 3 = 24	8 × 7 = 56	8 × 6 = 48
8 × 4 = 32	8 × 6 = 48	8 × 2 = 16
8 × 5 = 40	8 × 5 = 40	8 × 9 = 72
8 × 6 = 48	8 × 4 = 32	8 × 3 = 24
8 × 7 = 56	8 × 3 = 24	8 × 7 = 56
8 × 8 = 64	8 × 2 = 16	8 × 4 = 32
8 × 9 = 72	8 × 1 = 8	8 × 8 = 64

92-93쪽

도전! 짝수 구구단

×	1	2	3	4	5	6	7	8	9
2	2	4	6	8	10	12	14	16	18

×	1	2	3	4	5	6	7	8	9
4	4	8	12	16	20	24	28	32	36

×	1	2	3	4	5	6	7	8	9
6	6	12	18	24	30	36	42	48	54

×	1	2	3	4	5	6	7	8	9
8	8	16	24	32	40	48	56	64	72

쉬움	어려움
2 × 9 = 18	8 × 5 = 40
4 × 8 = 32	4 × 5 = 20
6 × 4 = 24	2 × 4 = 8
6 × 9 = 54	8 × 9 = 72
8 × 4 = 32	6 × 6 = 36
8 × 8 = 64	8 × 3 = 24
6 × 7 = 42	4 × 3 = 12
2 × 5 = 10	2 × 9 = 18
4 × 7 = 28	6 × 8 = 48

94-95쪽

96-97쪽

3단 도전! 홀수 구구단

배수 알아보기	곱셈식 만들기
3의 1배는 3	3 × 1 = 3
3의 2배는 6	3 × 2 = 6
3의 3배는 9	3 × 3 = 9
3의 4배는 12	3 × 4 = 12
3의 5배는 15	3 × 5 = 15
3의 6배는 18	3 × 6 = 18
3의 7배는 21	3 × 7 = 21
3의 8배는 24	3 × 8 = 24
3의 9배는 27	3 × 9 = 27

쉬움	보통	어려움
3 × 1 = 3	3 × 9 = 27	3 × 2 = 6
3 × 2 = 6	3 × 8 = 24	3 × 1 = 3
3 × 3 = 9	3 × 7 = 21	3 × 3 = 9
3 × 4 = 12	3 × 6 = 18	3 × 5 = 15
3 × 5 = 15	3 × 5 = 15	3 × 7 = 21
3 × 6 = 18	3 × 4 = 12	3 × 8 = 24
3 × 7 = 21	3 × 3 = 9	3 × 4 = 12
3 × 8 = 24	3 × 2 = 6	3 × 6 = 18
3 × 9 = 27	3 × 1 = 3	3 × 9 = 27

98-99쪽

5단 도전! 홀수 구구단

배수 알아보기	곱셈식 만들기
5의 1배는 5	5 × 1 = 5
5의 2배는 10	5 × 2 = 10
5의 3배는 15	5 × 3 = 15
5의 4배는 20	5 × 4 = 20
5의 5배는 25	5 × 5 = 25
5의 6배는 30	5 × 6 = 30
5의 7배는 35	5 × 7 = 35
5의 8배는 40	5 × 8 = 40
5의 9배는 45	5 × 9 = 45

쉬움	보통	어려움
5 × 1 = 5	5 × 9 = 45	5 × 4 = 20
5 × 2 = 10	5 × 8 = 40	5 × 7 = 35
5 × 3 = 15	5 × 7 = 35	5 × 3 = 15
5 × 4 = 20	5 × 6 = 30	5 × 9 = 45
5 × 5 = 25	5 × 5 = 25	5 × 2 = 10
5 × 6 = 30	5 × 4 = 20	5 × 8 = 40
5 × 7 = 35	5 × 3 = 15	5 × 5 = 25
5 × 8 = 40	5 × 2 = 10	5 × 1 = 5
5 × 9 = 45	5 × 1 = 5	5 × 6 = 30

100-101쪽

7단 도전! 홀수 구구단

배수 알아보기	곱셈식 만들기
7의 1배는 7	7 × 1 = 7
7의 2배는 14	7 × 2 = 14
7의 3배는 21	7 × 3 = 21
7의 4배는 28	7 × 4 = 28
7의 5배는 35	7 × 5 = 35
7의 6배는 42	7 × 6 = 42
7의 7배는 49	7 × 7 = 49
7의 8배는 56	7 × 8 = 56
7의 9배는 63	7 × 9 = 63

쉬움	보통	어려움
7 × 1 = 7	7 × 9 = 63	7 × 2 = 14
7 × 2 = 14	7 × 8 = 56	7 × 4 = 28
7 × 3 = 21	7 × 7 = 49	7 × 1 = 7
7 × 4 = 28	7 × 6 = 42	7 × 6 = 42
7 × 5 = 35	7 × 5 = 35	7 × 8 = 56
7 × 6 = 42	7 × 4 = 28	7 × 5 = 35
7 × 7 = 49	7 × 3 = 21	7 × 9 = 63
7 × 8 = 56	7 × 2 = 14	7 × 3 = 21
7 × 9 = 63	7 × 1 = 7	7 × 7 = 49

정답

102-103쪽

104-105쪽

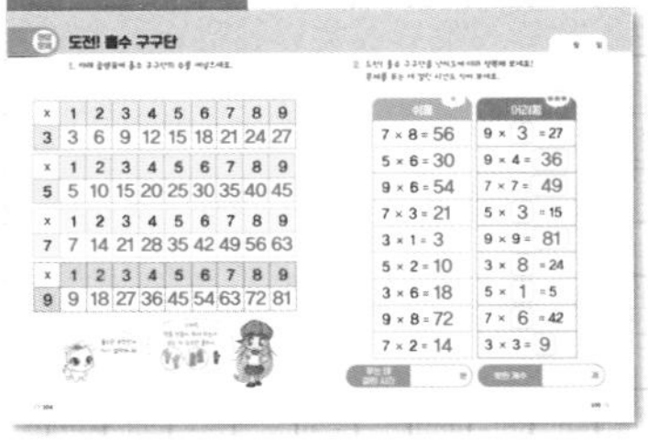

106-107쪽

110-111쪽

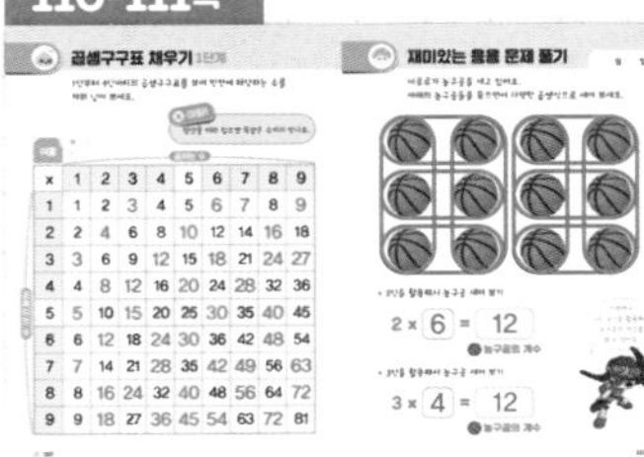

112-113쪽

114-115쪽

116-117쪽

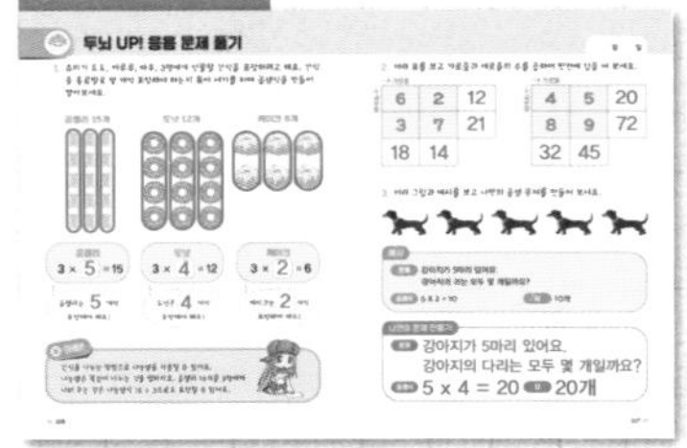

수학도둑
꽉 잡아라!
구구단
워크북
특별부록

문제 1

구구단 문제의 값을 구하고 ▢ 안에 들어갈 수 있는 수는 몇 개인지 구해 보세요.

$$7 \times 3 <$$ 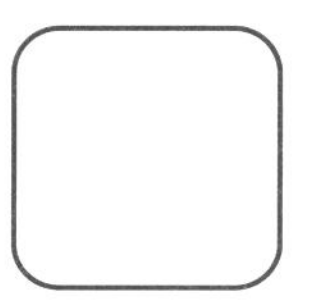 $$< 9 \times 3$$

풀이

답

문제 2

젤리가 10개 있습니다. 아루루, 도도, 바우가 젤리를 2개씩 먹었을 때,
젤리는 모두 몇 개 남을까요?

풀이

답

문제 3

12개의 쿠키를 포장하려고 합니다. 2단부터 9단까지의 구구단을 활용해서 쿠키를 묶어 세면, 몇 가지 방법으로 쿠키를 포장할 수 있을까요?

풀이

답

문제 4

시계의 긴바늘이 6을 가리키고 있습니다. 긴바늘이 6을 가리키면 몇 분인지 5단의 곱셈식을 활용해서 구해 보세요.

풀이

답

문제 5

슈미는 하루에 선물 도장을 3개씩 받습니다. 선물 도장을 15개 찍으면 과자를 선물 받을 수 있습니다. 슈미가 과자를 선물 받으려면 며칠 동안 선물 도장을 모아야 할지 표에 동그라미를 그리며 알아보세요.

1	2	3	4	5
6	7	8	9	10
11	12	13	14	15 과자!

풀이

답

• 문제 6 •

5개의 성냥개비를 사용해서 아래와 같은 모양을 각각 8개 만들려고 합니다. 성냥개비는 총 몇 개 필요할까요?

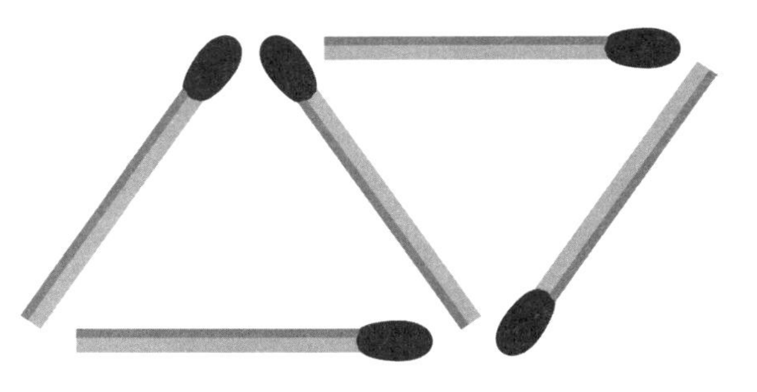

풀이

답

• 문제 7 •

어떤 수 □와 △의 곱은 36입니다. □에서 △를 빼면 5입니다. □와 △를 더한 값은 얼마일까요?

$$\square \times \triangle = 36$$

$$\square - \triangle = 5$$

$$\square + \triangle = ?$$

풀이

답

문제 8

도도가 그림과 같이 만두 4개를 한 판에 담아서 팔고 있습니다. 점심시간 동안 만두 32개를 팔았다면 모두 몇 판 팔았을까요?

풀이

답

문제 9

델리키가 바우와 함께 동물원에 갔습니다. 동물원에 사자가 3마리, 타조가 5마리 있습니다. 사자와 타조의 다리는 모두 몇 개일까요?

풀이

답

문제 10

8조각으로 잘린 피자가 총 3판 있습니다. 슈미, 도도, 바우, 아루루가 피자를 3조각씩 먹고 나면 남은 피자는 몇 조각일까요?

풀이

답

워크북 정답

문제 1

답 **5개**

7 X 3 = 21, 9 X 3 = 27입니다. □ 안에 들어갈 수 있는 수는 21보다 크고 27보다 작은 수이기 때문에 22, 23, 24, 25, 26으로 총 5개입니다.

문제 2

답 **4개**

곱셈과 뺄셈을 함께 사용해서 정답을 구하는 문제입니다. 아루루, 도도, 바우 총 3명이 젤리를 2개씩 먹으면 곱셈식 3 X 2 = 6으로 모두 6개를 먹었다는 것을 알 수 있습니다. 그리고 젤리의 전체 개수 10개에서 친구들이 먹은 젤리의 개수 6개를 빼면 4개의 젤리가 남습니다.

문제 3

답 **4가지 방법**

2단부터 9단에서 값이 12가 나오는 곱셈식은 2 X 6, 3 X 4, 4 X 3, 6 X 2로 모두 4개입니다. 이처럼 쿠키 12개를 포장하는 방법은 총 4가지로 구할 수 있습니다.

2단을 활용해서
쿠키를 포장하는 경우

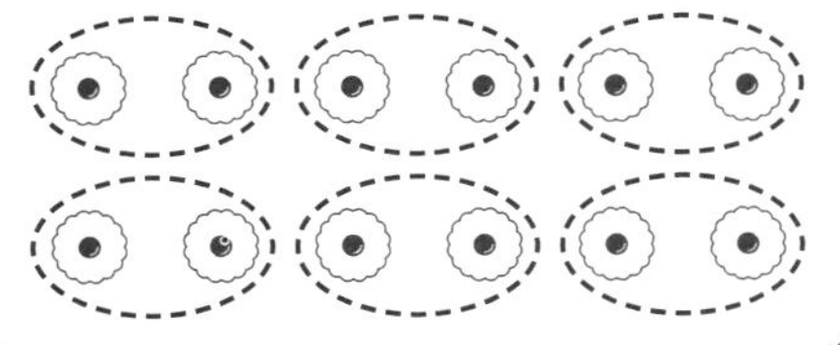

3단을 활용해서
쿠키를 포장하는 경우

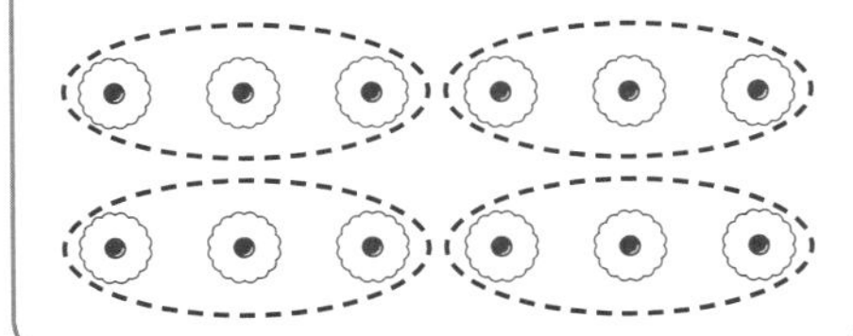

4단을 활용해서
쿠키를 포장하는 경우

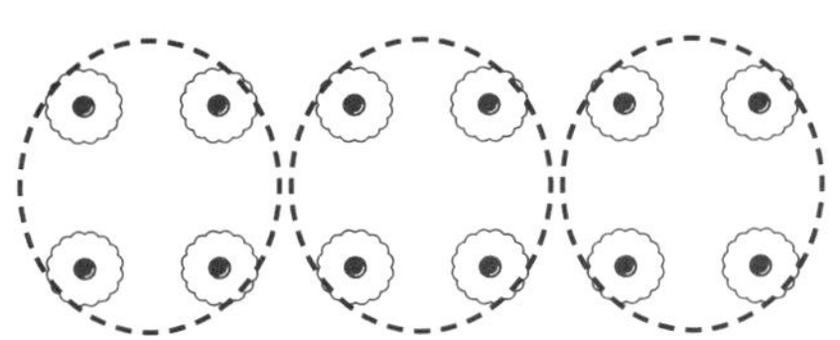

6단을 활용해서
쿠키를 포장하는 경우

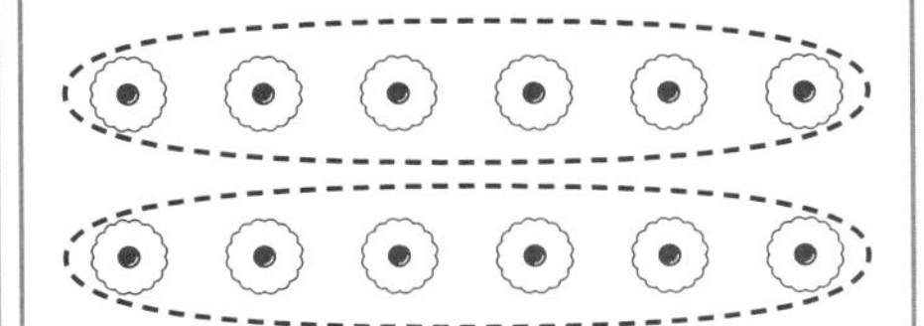

워크북 정답

문제 4

답 30분

시계의 긴바늘이 1에 있으면 5분, 2에 있으면 10분으로 긴바늘이 숫자 한 칸씩 이동할 때마다 5분씩 늘어난다는 것을 알 수 있습니다. 긴바늘이 6에 있으면 곱셈식 5 X 6 = 30을 활용하여 30분이라는 것을 알 수 있습니다.

문제 5

답 5일

하루에 3개씩 도장을 모았을 때, 3개씩 5번 반복하면 15번째에 있는 '과자!' 부분에 도착합니다. 이를 곱셈식으로 만들면 3 X 5 = 15이므로 슈미가 과자를 선물 받으려면 선물 도장을 5일 동안 모아야 한다는 것을 알 수 있습니다.

문제 6

답 40개

그림과 같은 모양을 만들 때 사용된 성냥개비는 총 5개입니다. 이 모양을 8개 만들려면 곱셈식 5 X 8 = 40을 활용할 수 있으므로, 총 40개의 성냥개비가 필요하다는 것을 알 수 있습니다.

문제 7

답 13

먼저 □ X △ = 36을 보고 값이 36이 나오는 곱셈식을 찾으면 4 X 9, 6 X 6, 9 X 4로 세 가지 곱셈식을 구할 수 있습니다. 그리고 □ − △ = 5가 되려면 □는 9, △는 4라는 것을 알 수 있습니다. 마지막으로 9와 4를 더하면 13이 됩니다.

문제 8

답 8판

해당 문제를 곱셈식으로 만들면 4 X □ = 32가 됩니다. 4단에서 값이 32가 나오는 수는 8이므로, 도도가 점심시간 동안 만두 8판을 팔았다는 것을 알 수 있습니다.

워크북 정답

문제 9

답 22개

사자의 다리는 4개, 타조의 다리는 2개입니다. 사자는 3마리로 곱셈식 4 X 3 = 12를 활용하여 다리가 총 12개라는 것을 알 수 있습니다. 타조는 5마리로 곱셈식 2 X 5 = 10을 활용하여 다리가 총 10개라는 것을 알 수 있습니다. 마지막으로 사자의 다리 12개와 타조의 다리 10개를 더하면 답은 22개입니다.

문제 10

답 12조각

8조각으로 잘린 피자가 총 3판 있으면, 곱셈식 8 X 3 = 24를 활용해서 피자가 총 24조각 있다는 것을 알 수 있습니다. 그리고 슈미, 도도, 바우, 아루루까지 총 4명의 친구들이 피자를 3조각씩 먹으면, 곱셈식 4 X 3 = 12를 활용해서 피자를 모두 12조각 먹었다는 것을 알 수 있습니다. 전체 피자 조각의 개수 24에서 친구들이 먹은 피자 조각의 개수 12를 빼면, 남은 피자가 12조각이라는 것을 구할 수 있습니다.

정답 체크

워크북을 풀어 본 결과를 O, X로 체크하고 틀린 문제는 다시 한번 풀어 보세요!

문제 1	문제 2	문제 3	문제 4	문제 5

문제 6	문제 7	문제 8	문제 9	문제 10